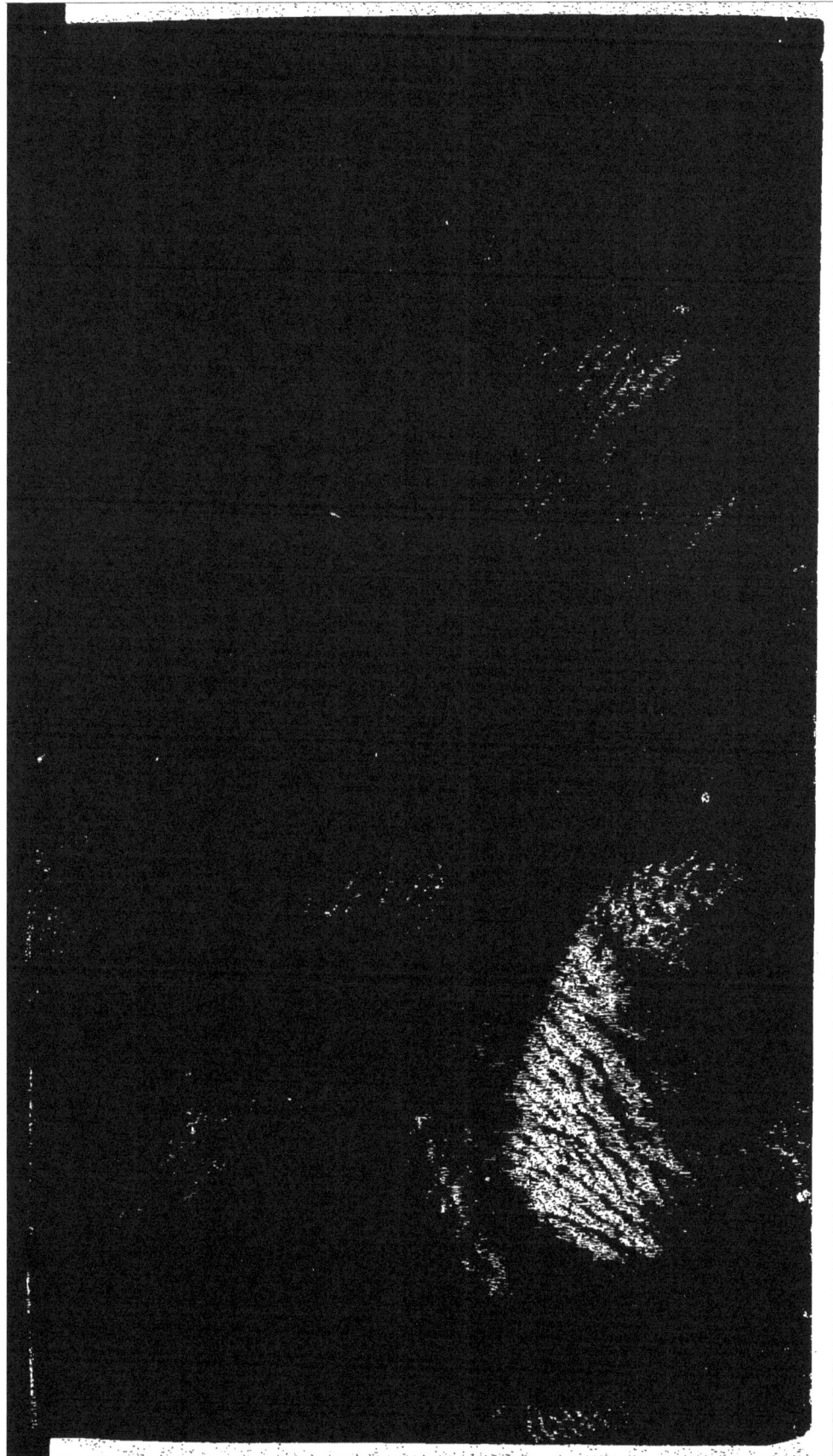

L'HOMME

MACHINE.

Est-ce là ce Raïon de l'Essence suprème,
Que l'on nous peint si lumineux?
Est-ce là cet Esprit survivant à nous même?
Il naît avec nos sens, croit, s'affoiblit
comme eux.
Hélas! il périra de même.
                          VOLTAIRE.

À LEYDE,

DE L'IMP. D'ELIE LUZAC, FILS.
MDCCXLVIII.

Schreeder.

AVERTISSEMENT

DE

L'IMPRIMEUR.

ON fera peut-être surpris que j'aie ofé mettre mon nom à un livre auffi hardi que celui-ci. Je ne l'aurois certainement pas fait, fi je n'avois cru la Religion à l'abri de toutes les tentatives qu'on fait pour la renverfer; & fi j'euffe pu me perfuader, qu'un autre Imprimeur n'eut pas fait très volontiers ce que j'aurois refufé par principe

*2   de

de confcience. Je fai que la Prudence veut qu'on ne donne pas occafion aux Efprits foibles d'être féduits. Mais en les fuppofant tels, j'ai vu à la prémiére lecture qu'il n'y avoit rien à craindre pour eux. Pourquoi être fi attentif, & fi allerte à fupprimer les Argumens contraires aux Idées de la Divinité & de la Réligion? Cela ne peutil pas faire croire au Peuple qu'on le *leure*? & dès qu'il commence à douter, adieu la conviction & par conféquent la Réligion! Quel moien, quelle efpérance, de confondre jamais les Irréligionaires, fi on femble les redouter? Comment les ramener, fi en leur défendant de fe fervir de leur raifon, on fe contente de déclamer contre leurs mœurs, à tout hazard, fans s'informer

fi

fi elles méritent la même cenfure que leur façon de penfer.

UNE telle conduite donne gain de caufe aux Incrédules; Ils fe moquent d'une Réligion, que notre ignorance voudroit ne pouvoir être concilée avec la Philofophie: ils chantent Vi-Ɛtoire dans leurs retranchemens, que notre manière de combattre leur fait croire invincibles. Si la Réligion n'eft pas Victo-rieufe; c'eft la faute des mauvais Auteurs qui la défendent. Que les bons prennent la plume; qu'ils fe montrent bien armés; & la Théologie l'emportera de haute lutte fur une auffi foible Rivale. Je compare les Athées à ces Géans qui voulurent efcalader les Cieux: ils auront toujours le même fort.

* 3 VOILA

AVERTISSEMENT

VOILA ce que j'ai cru devoir mettre à la Tête de cette petite Brochure, pour prévenir toute inquiétude. Il ne me convient pas de refuter ce que j'imprime; ni même de dire mon fentiment fur les raifonnemens qu'on trouvera dans cet écrit. Les connoiffeurs verront aifément que ce ne font que des difficultés qui fe prefentent toutes les fois qu'on veut expliquer l'union de l'Ame avec le Corps. Si les conféquences que l'Auteur en tire, font dangereufes, qu'on fe fouvienne qu'elles n'ont qu'une Hypothèfe pour fondement. En faut-il davantage pour les détruire ? Mais s'il m'eft permis de fuppofer ce que je ne crois pas; quand même ces conféquences feroient difficiles à renverfer, on n'en auroit qu'une

plus

plus belle occafion de briller. *A vaincre fans péril, on triomphe fans gloire.*

L'Auteur, que je ne connois point, m'a envoïé fon Ouvrage de *Berlin*, en me priant feulement d'en envoier fix Exemplaires à l'adreffe de Mr. le Marquis d'Argens. Affurément on ne peut mieux s'y prendre pour garder l'*incognito;* car je fuis perfuadé que cette adreffe même n'eft qu'un perfiflage.

À

MONSIEUR HALLER,

PROFESSEUR EN MEDECINE

à GOTTINGUE.

CE n'est point ici une Dédicace; vous êtes fort au-dessus de tous les Eloges que je pourrois vous donner; & je ne connois rien de si inutile, ni de si fade, si ce n'est un Discours Académique. Ce n'est point une Exposition de la nouvelle Methode que j'ai suivie pour relever un sujet usé & rebattu. Vous lui trouverez du moins ce merite; & vous jugerez au reste si votre

DEDICACE.

votre Diſciple & votre ami a bien
rempli ſa carrière. C'eſt le plaiſir
que j'ai eu à compoſer cet ouvrage,
dont je veux parler; c'eſt moi-même, & non mon livre que je vous
adreſſe, pour m'éclairer ſur la nature de cette ſublime Volupté de
l'Etude. Tel eſt le ſujet de ce Diſ-
cours. Je ne ſerai pas le premier
Ecrivain, qui, naiant rien à dire,
pour reparer la Stérilité de ſon
Imagination, auroit pris un texte,
où il n'y en eût jamais. Dites moi
donc, Double Enfant d'Apollon,
Suiſſe Illuſtre, Fracaſtor Moderne,
vous qui ſavez tout à la fois connoître, meſurer la Nature, qui plus
eſt la ſentir, qui plus eſt encore l'exprimer: ſavant Médecin,
encore plus grand Poëte, dites moi
par quels charmes l'Etude peut
changer les Heures en momens;
quelle eſt la Nature de ces plaiſirs

DÉDICACE.

de l'Esprit, si different des plaisirs
vulgaires . . . . Mais la lecture
de vos charmantes Poësies m'en a
trop pénetré moi-même, pour que
je n'essaie pas de dire ce qu'elles
m'ont inspiré. L'Homme, consi-
deré dans ce point de vüe, n'a
rien d'étranger à mon sujet.

LA Volupté des sens, quelque aimable & chérie qu'elle soit, quelques éloges que lui ait donnés la
plume apparement aussi reconnois-
sante que délicate d'un jeune Medecin françois, n'a qu'une seule
jouissance qui est son tombeau. Si
le plaisir parfait ne la tuë point
sans retour, il lui faut un certain tems pour ressuciter. Que les
ressources des plaisirs de l'esprit sont
différentes! plus on s'approche de
la Vérité, plus on la trouve charmante. Non seulement sa jouissance

DEDICACE.

ce augmente les defirs; mais on jouït ici, dès qu'on cherche à jouïr. On jouït long-tems, & cependant plus vîte que l'éclair ne parcourt. Faut-il s'étonner fi la Volupté de l'Efprit eft auffi fupérieure à celle des fens, que l'Efprit eft au deffus du Corps? l'Efprit n'eft-il pas le premier des Sens, & comme le rendez-vous de toutes les fenfations? N'y aboutiffent-elles pas toutes, comme autant de raions, à un Centre qui les produit? Ne cherchons donc plus par quels invincibles charmes, un cœur que l'Amour de la Vérité enflame, fe trouve tout-à-coup transporté, pour ainfi dire, dans un monde plus beau, où il goute des plaifirs dignes des Dieux. De toutes les Attractions de la Nature, la plus forte, du moins pour moi, comme pour vous, cher Haller, eft celle de la Philofophie. Quelle gloi-

*6   re

DEDICACE.

re plus belle, que d'être conduit à ſon Temple par la raiſon & la Sageſſe! quelle conquête plus flateuſe que de ſe ſoumettre tous les Eſprits!

PASSONS en revüe tous les objets de ces plaiſirs inconnus aux Ames Vulgaires. De quelle beauté, de quelle etendüe ne ſont-ils pas? Le tems, l'eſpace, l'infini, la terre, la mer, le firmament, tous les Elemens, toutes les ſciences, tous les arts, tout entre dans ce genre de Volupté. Trop reſerrée dans les bornes du monde, elle en imagine un million. La nature entière eſt ſon aliment, & l'imagination ſon triomphe. Entrons dans quelque détail.

TANTOT c'eſt la Poëſie ou la Peinture; tantôt c'eſt la Muſique ou l'Architecture, le Chant, la Danſe

DÉDICACE.

ſe &c. qui font gouter aux connoiſ-
ſeurs des plaiſirs raviſſans. Voiez
la Delbar (femme de Piron) dans
une loge d'Opera; pâle & rouge
tour-à-tour, elle bat la meſure avec
Rebel; s'attendrit avec Iphigénie,
entre en fureur avec Roland &c.
Toutes les impreſſions de l'Orches-
tre paſſent ſur ſon viſage, comme
ſur une toile. Ses yeux s'adoucis-
ſent, ſe pâment, rient, ou s'arm-
ment d'un courage guerrier. On
la prend pour une folle. Elle ne
l'eſt point, à moins qu'il n'y ait
de la folie à ſentir le plaiſir. Elle
n'eſt que penetrée de mille beautés
qui m'échapent.

VOLTAIRE ne peut refuſer des
pleurs à ſa Merope; c'eſt qu'il ſent
le prix & de l'ouvrage & de l'Actri-
ce. Vous avez lu ſes écrits; &
malheureuſement pour lui, il n'eſt
point

DE'DICACE.

point en état de lire les votres.
Dans les mains, dans la mémoire
de qui ne font-ils pas? & quel
cœur affez dur pour ne point en etre
attendri! comment tous fes goûts
ne fe communiqueroient-ils pas?
Il en parle avec tranfport.

QU'UN grand Peintre, je l'ai
vu avec plaifir en lifant ces jours
paffés la Preface de Richardon,
parle de la Peinture, quels eloges
ne lui donne-t-il pas? il adore
fon Art, il le met au-deffus de
tout, il doute presque qu'on puiffe
être heureux fans être Peintre.
Tant il eft enchanté de fa profes-
fion!

QUI n'a pas fenti les mêmes
tranfports que Scaliger, ou le Père
Mallebranche, en lifant ou quelques
belles Tirades des Poëtes Tragi-
ques,

DEDICACE.

ques, Grecs, Anglois, François;
ou certains Ouvrages Philosophi-
ques? Jamais Mad. Dacier n'eut
compté sur ce que son Mari lui
promettoit; & elle trouva cent fois
plus. Si l'on éprouve une sorte
d'Enthousiasme à traduire & deve-
lopper les pensées d'autrui, qu'est-
ce donc si l'on pense soi-même?
qu'est-ce que cette generation, cet
enfantement d'Idées que produit le
goût de la Nature & la recherche
du Vrai? Comment peindre cet
Acte de la Volonté ou de la Mémoire, par lequel l'Ame se repro-
duit en quelque sorte, en joignant
une idée à une autre trace semblable, pour que de leur ressemblance
& comme de leur union, il en nais-
se une troisième: car admirez les
productions de la nature. Telle est
son uniformité, qu'elles se font presque toutes de la même manière.

LES

DE'DICACE.

LES plaifirs des fens mal reglés, perdent toute leur vivacité & ne font plus des plaifirs. Ceux de l'Efprit leur reffemblent jufqu'à un certain point. Il faut les fufpendre pour les aiguifer. Enfin l'Etude a fes Extafes, comme l'Amour. S'il m'eft permis de le dire, c'eft une Catalepfie ou immobilité de l'Efprit fi delicieufement enivré de l'objet qui le fixe & l'enchante, qu'il femble detaché par abftraction de fon propre corps & de tout ce qui l'environne, pour être tout entier à ce qu'il pourfuit. Il ne fent rien, à force de fentir. Tel eft le plaifir qu'on goute, & en cherchant & en trouvant la Verité. Jugez de la puiffance de fes charmes par l'Extafe d'Archimedes; vous favez qu'elle lui couta la vie.

QVE

DEDICACE.

QVE les autres hommes se jettent dans la foule, pour ne pas se connoître ou plutôt se haïr ; le sage fuit le grand monde & cherche la solitude. Pourquoi ne se plait-il qu'avec lui-meme, ou avec ses semblables ? C'est que son Ame est un miroir fidèle, dans lequel son juste amour propre trouve son compte à se regarder. Qui est vertueux, n'a rien à craindre de sa propre connoissance, si ce n'est l'agréable danger de s'aimer.

COMME aux yeux d'un Homme qui regarderoit la terre du haut des Cieux, toute la grandeur des autres Hommes s'évanoüiroit, les plus superbes palais se changeroient en Cabanes, & les plus nombreuses Armées ressembleroient à une troupe de fourmis, combattant pour un grain avec la plus ridicule furie ;

ainsi

DÉDICACE.

ainsi paroissent les choses à un sage, tel que vous. Il rit des vaines agitations des Hommes, quand
leur multitude embarrasse la Terre
& se pousse pour rien, dont il est
juste qu'aucun d'eux ne soit content.

QVE Pope débute d'une manière sublime dans son Essai sur
l'Homme! Que les Grands &
les Rois sont petits devant lui. O
vous, moins mon Maître, que mon
Ami, qui aviez reçu de la Nature
la même force de genie que lui,
dont vous avez abusé, Ingrat,
qui ne meritiez pas d'exceller
dans les sciences ; vous m'avez
appris à rire, comme ce grand
Poëte, ou plutôt à gemir des
joüets & des bagatelles, qui oc-
cupent serieusement les Monarques.
C'est à vous que je dois tout mon
bon-

DÉDICACE.

bonheur. Non, la conquête du Monde entier ne vaut pas le plaisir qu'un Philosophe goute dans son cabinet, entouré d'Amis müets, qui lui disent cependant tout ce qu'il desire d'entendre. Que Dieu ne m'ôte point le necessaire & la santé, c'est tout ce que je lui demande. Avec la santé mon cœur sans dégout, aimera la vie. Avec le necessaire, mon Esprit content cultivera toujours la sagesse.

OUI, l'Etude est un plaisir de tous les ages, de tous les lieux, de toutes les saisons & de tous les momens. A qui Ciceron n'a t-il pas donné envie d'en faire l'heureuse experience ? Amusement dans la jeunesse, dont il tempère les passions fougeuses ; pour le bien gouter, j'ai quelquefois été forcé de me livrer à l'Amour. L'Amour

ne

DÉDICACE.

ne fait point de peur à un sage :
il sait tout allier & tout faire valoir l'un par l'autre. Les nuages
qui offusquens son entendement, ne
le rendent point pareffeux ; ils ne
lui indiquent que le remède qui
doit les diffiper. Il est vrai que le
Soleil n'ecarte pas plus vite ceux
de l'Atmosphère.

DANS la vielleffe, age glacé, où
on n'eft plus propre, ni à donner
ni à recevoir d'autres plaifirs, quelle plus grande reffource que la lecture & la meditation ! Quel plaifir de voir tous les jours fous fes
yeux & par fes mains croître &
fe former un Ouvrage qui charme-
ra les fiècles à venir, & même fes
contemporains ! je voudrois, me
difoit un jour un Homme dont la
vanité commençoit à fentir le plaifir d'être Auteur, paffer ma vie à
aller

DÉDICACE.

aller de chez moi chez l'imprimeur.
Avoit-il tort? & lors qu'on est
applaudi, quelle Mère tendre fût
jamais plus charmée d'avoir fait
un enfant aimable?

POURQUOI tant vanter les
plaisirs de l'Etude? Qui ignore que
c'est un bien qui n'apporte point le
degout ou les inquietudes des autres
biens? un tresor inepuisable, le plus
sur contrepoison du cruel ennui;
qui se promène & voyage avec nous
& en un mot nous suit par tout?
Heureux qui a brisé la chaine de
tous ses prejugés! celui-là seul gou-
tera ce plaisir dans toute sa pureté?
Celui-là seul joüira de cette douce
tranquillité d'Esprit, de ce parfait
contentement d'une ame forte &
sans ambition, qui est le Père du
bonheur, s'il n'est le bonheur même.

ARRÊTONS nous un moment
à jetter des fleurs sur les pas de ces
grands

DÉDICACE.

grands Hommes que Minerve a, comme vous, couronnés d'un Lierre immortel. Ici c'est Flore qui vous invite avec Linæus, à monter par de nouveaux sentiers sur le sommet glacé des Alpes, pour y admirer sous une autre Montagne de Neige un Jardin planté par les mains de la Nature : Jardin qui fût jadis tout l'heritage du celèbre Professeur Suedois. De-là vous descendez dans ces prairies, dont les fleurs l'attendent pour se ranger dans un ordre, qu'elles sembloient avoir jusqu'alors dedaigné.

LÀ je vois Maupertuis, l'honneur de la nation Françoise, dont une autre a merité de joüir. Il sort de la table d'un ami qui est le plus grand des Rois. Où va-t-il? dans le Conseil de la Nature, où l'attend Newton.

QUE dirois-je du Chymiste, du Geometre, du Physicien, du Mecanicien,

nicien, de l'Anatomiste &c.? Ce-
lui-ci a presqu' autant de plaisir à
examiner l'Homme mort, qu'on en
a eu à lui donner la vie.

MAIS tout cède au grand Art
de guerir. Le Medecin est le seul
Philosophe qui merite de sa Patrie,
on l'a dit avant moi ; il paroit com-
me les frères d'Helène dans les tem-
pêtes de la vie. Quelle Magie, quel
Enchantement ! sa seule vüe calme
le sang, rend la paix à une ame
agitée & fait renaître la douce es-
perance au cœur des malheureux
mortels. Il annonce la vie & la
mort, comme un Astronome predit
une Eclipse. Chacun a son flambeau
qui l'eclaire. Mais si l'Esprit a
eu du plaisir à trouver les règles
qui le guident, quel triomphe,
vous en faites tous les jours l'heu-
reuse experience ; quel triomphe,
quand l'evènement en a justifié la
hardiesse !   *LA*

DEDICACE.

LA première utilité des Sciences est donc de les cultiver ; c'est deja un bien réel & solide. Heureux qui a du goût pour l'etude ! plus heureux qui reüssit à delivrer par elle son esprit de ses illusions & son cœur de sa vanité ; but desirable, où vous avez èté conduit dans un âge encore tendre par les mains de la sagesse ; tandis que tant de Pedans, après un demi siècle de veilles & de travaux, plus courbés sous le faix des prejugés, que sous celui du tems, semblent avoir tout appris, excepté à penser. Science rare à la verité, sur-tout dans les savans ; & qui cependant devroit être du moins le fruit de toutes les autres. C'est à cette seule Science que je me suis appliqué dès l'enfance. Jugez Mr. si j'ai réussi : & que cet Hommage de mon Amitié soit èternellement cheri de la vôtre.

L'HOM-

L'HOMME

MACHINE.

IL ne fuffit pas à un Sage d'étudier la Nature & la Vérité; il doit ofer la dire en faveur du petit nombre de ceux qui veulent & peuvent penfer; car pour les autres, qui font volontairement Esclaves des Préjugés, il ne leur eft pas plus poffible d'atteindre la Vérité, qu'aux Grénouilles de voler.

JE reduis à deux, les Syftèmes des Philofophes fur l'ame de l'Homme. Le prémier, & le plus ancien, eft le Syftème du Matérialisme; le fecond eft celui du Spiritualisme.

LEs Métaphificiens, qui ont infinué que la Matière pourroit bien avoir la faculté de penfer, n'ont pas

A   des-

deshonoré leur Raifon. Pourquoi?
C'eſt qu'ils ont un avantage, (car ici
c'en eſt un) de s'être mal exprimés. En
effet, demander ſi la Matière peut penſer, ſans la conſiderer autrement qu'en
elle-même, c'eſt demander ſi la Matière peut marquer les heures. On voit
d'avance que nous éviterons cet écueil,
où Mr. Locke a eu le malheur d'é-
chouer.

LES Leibnitiens, avéc leurs *Monades,*
ont élevé une hypothèſe inintelligible.
Ils ont plutôt ſpiritualiſé la Matière,
que matérialiſé l'Ame. Comment peut-
on définir un Etre, dont la nature nous
eſt abſolument inconnuë?

DESCARTES, & tous les Carté-
ſiens, parmi lesquels il y a long-tems
qu'on a compté les Mallebranchiſtes,
ont fait la même faute. Ils ont admis
deux ſubſtances diſtinctes dans l'Homme, comme s'ils les avoient vues & bien
comptées.

LES plus ſages ont dit que l'Ame
ne pouvoit ſe connoître, que par les
ſeules lumières de la Foi: cependant
en qualité d'Etres raiſonnables, ils ont
cru pouvoir ſe réſerver le droit d'éxa-
miner ce que l'Ecriture a voulu dire
par

par le mot *Esprit*, dont elle se sert, en parlant de l'Ame humaine ; & dans leurs recherches, s'ils ne sont pas d'accord sur ce point avec les Théologiens, ceux-ci le sont-ils davantage entr'eux sur tous les autres ?

VOICI en peu de mots le résultat de toutes leurs réflexions.

S'IL y a un Dieu, il est Auteur de la Nature, comme de la Révélation ; il nous a donné l'une, pour expliquer l'autre ; & la Raison, pour les accorder ensemble.

SE défier des connoissances qu'on peut puiser dans les Corps animés, c'est regarder la Nature & la Révélation, comme deux contraires qui se détruisent ; & par conséquent, c'est oser soutenir cette absurdité : que Dieu se contredit dans ses divers ouvrages, & nous trompe.

S'IL y a une Révélation, elle ne peut donc démentir la Nature. Par la Nature seule, on peut découvrir le sens des paroles de l'Evangile, dont l'expérience seule est la véritable Interprète. En effet, les autres Commentateurs jusqu'ici n'ont fait qu'embrouiller la Vérité. Nous allons en juger par

l'Au-

l'Auteur du *Spectacle de la Nature.* " Il
„ eſt étonnant, dit-il, (au ſujet de Mr.
Locke ,) qu'un Homme, qui dégrade
„ notre Ame juſqu'à la croire une Ame
„ de boüe, oſe établir la Raiſon pour
„ juge, & ſouveraine Arbitre des My-
„ ſtères de la Foi; car, ajoute-t-il,
„ quelle idée étonnante auroit-on du
„ Chriſtaniſme, ſi l'on vouloit ſuivre
„ la Raiſon?

Outre que ces réflexions n'éclairciſ-
ſent rien par rapport à la Foi, elles forment de ſi frivoles objections contre la
Méthode de ceux qui croient pouvoir in-
terpreter les Livres Saints, que j'ai preſque honte de perdre le tems à les réfuter.

1°. L'excellence de la Raiſon
ne dépend pas d'un grand mot vuide
de ſens (*l'immatérialité*) ; mais de ſa
force, de ſon étendüe, ou de ſa Clair-
voyance. Ainſi une *Ame de boüe*, qui
découvriroit, comme d'un coup d'œil,
les rapports & les ſuites d'une infinité
d'idées, difficiles à ſaiſir, ſeroit évidemment préferable à une Ame ſote & ſtupide, qui ſeroit faite des Elemens les
plus précieux. Ce n'eſt pas être Philoſophe, que de rougir avec Pline, de la
miſère de notre origine. Ce qui paroit
vil,

vil, est ici la chose la plus précieu-
se, & pour laquelle la Nature semble
avoir mis le plus d'art & le plus d'ap-
pareil. Mais comme l'Homme, quand
même il viendroit d'une Source encore
plus vile en aparence, n'en seroit pas
moins le plus parfait de tous les Etres;
quel que soit l'origine de son Ame; si
elle est pure, noble, sublime, c'est une
belle Ame, qui rend respectable quiconque en est doué.

LA seconde manière de raisonner
de Mr. Pluche, me paroit vicieuse, même dans son système, qui tient un peu
du Fanatisme; car si nous avons une
idée de la Foi, qui soit contraire aux
Principes les plus clairs, aux Vérités les
plus incontestables, il faut croire, pour
l'honneur de la Révélation & de son
Auteur, que cette idée est fausse; &
que nous ne connoissons point encore le
sens des paroles de l'Evangile.

DE deux choses l'une; ou tout est
illusion, tant la Nature même, que la
Révélation; ou l'expérience seule peut
rendre raison de la Foi. Mais quel
plus grand ridicule que celui de notre
Auteur? Je m'imagine entendre un
Péripaticien, qui diroit: " il ne faut pas

A 3   croire

„ croire l'expérience de Toricelli : car
„ fi nous la croyions, fi nous allions
„ bannir l'horreur du vuide, quelle
„ étonnante Philofophie aurions nous?

J'AI fait voir combien le raifonnement de Mr. Pluche eft vicieux *, afin
de prouver prémièrement que s'il y a
une Révélation, elle n'eft point fuffi-
famment démontrée par la feule auto-
rité de l'Eglife & fans aucun examen
de la Raifon, comme le prétendent tous
ceux qui la craignent. Secondement,
pour mettre à l'abri de toute attaque
la Méthode de ceux qui voudroient
fuivre la voie que je leur ouvre, d'in-
terpreter les chofes furnaturelles, in-
comprehenfibles en foi, par les lumières que chacun a reçües de la
Nature.

L'EXPE'RIENCE & l'obfervation
doivent donc feule nous guider ici.
Elles fe trouvent fans nombre dans
les Faftes des Medecins, qui ont été
Philofophes, & non dans les Philofo-
phes, qui n'ont pas été Médecins.
Ceux - ci ont parcouru, ont éclairé le
Laby-

---

* *Il péche evidemment par une péti-
tion de principe.*

Labyrinthe de l'homme; ils nous ont feuls dévoilé ces refforts cachés fous des envelopes, qui dérobent à nos yeux tant de merveilles. Eux feuls, contemplant tranquillement notre Ame, l'ont mille fois furprife, & dans fa miférе, & dans fa grandeur, fans plus la méprifer dans l'un de ces états, que l'admirer dans l'autre. Encore une fois, voilà les feuls Phyficiens qui ayent droit de parler ici. Que nous diroient les autres, & fur-tout les Théologiens? N'eft-il pas ridicule de les entendre décider fans pudeur, fur un fujet qu'ils n'ont point été à portée de connoître, dont ils ont été au contraire entièrement détournés par des Etudes obfcures, qui les ont conduits à mille préjugés, & pour tout dire en un mot, au Fanatisme, qui ajoute encore à leur ignorance dans le Mécanisme des Corps.

MAIS quoique nous aïons choifi les meilleurs Guides, nous trouverons encore beaucoup d'épines & d'obftacles dans cette carrière.

L'HOMME eft une Machine fi compofée, qu'il eft impoffible de s'en faire d'abord une idée claire, & conféquemment de la définir. C'eft pourquoi

tou-

toutes les recherches que les plus grands Philofophes ont faites *à priori*, c'eſt à dire, en voulant ſe ſervir en quelque ſorte des aîles de l'eſprit, ont été vaines. Ainſi ce n'eſt qu'*à poſtcriori*, ou en cherchant à demêler l'Ame, comme au travers des Organes du corps, qu'on peut, je ne dis pas découvrir avec évidence la nature même de l'Homme, mais atteindre le plus grand degré de probabilité poſſible ſur ce ſujet.

Prenons donc le bâton de l'expérience, & laiſſons là l'Hiſtoire de toutes les vaines opinions des Philoſophes. Etre Aveugle, & croire pouvoir ſe paſſer de ce bâton, c'eſt le comble de l'aveuglement. Qu'un Moderne a bien raiſon de dire qu'il n'y a que la vanité ſeule, qui ne tire pas des cauſes ſecondes, le même parti que des premières! On peut & on doit même admirer tous ces beaux Génies dans leurs travaux les plus inutiles; les Deſcartes, les Mallebranches, les Leibnitz, les Wolfs &c. mais quel fruit, je vous prie, a-t-on retiré de leurs profondes Méditations & de tous leurs ouvrages? Commençons donc & voions, non ce qu'on a penſé, mais ce qu'il qu'il faut penſer pour le repos de la vie.

Autant de tempéramens, autant d'eſprits, de caractères & de mœurs différentes. Galien même a connu cette vérité, que Descartes, & non Hippocrate, comme le dit l'Auteur de l'hiſtoire de l'Ame, a pouſſée loin, jusqu'à dire que la Medecine ſeule pouvoit changer les Eſprits & les mœurs avec le Corps. Il eſt vrai la Mélancolie, la Bile, le Phlegme, le Sang &c. ſuivant la nature, l'abondance & la diverſe combinaiſon de ces humeurs, de chaque Homme font un Homme différent.

Dans les maladies, tantôt l'Ame s'éclipſe & ne montre aucun ſigne d'elle-même; tantôt on diroit qu'elle eſt double, tant la fureur la transporte; tantôt l'imbécilité ſe diſſipe: & la convaleſcence d'un Sot fait un Homme d'eſprit. Tantôt le plus beau Génie devenu ſtupide, ne ſe reconnoit plus. Adieu toutes ces belles connoiſſances acquiſes à ſi grands frais, & avec tant de peine!

Ici c'eſt un Paralitique, qui demande ſi ſa jambe & dans ſon lit: Là c'eſt un Soldat qui croit avoir le bras

A 5 qu'on

qu'on lui a coupé. La mémoire de ſes anciennes ſenſations, & du lieu, où ſon Ame les raportoit, fait ſon illuſion, & ſon eſpèce de délire. Il ſuffit de lui parler de cette partie qui lui manque, pour lui en rappeller & faire ſentir tous les mouvemens; ce qui ſe fait avec je ne ſai quel déplaiſir d'imagination qu'on ne peut exprimer.

Celui-ci pleure, comme un En-fant, aux approches de la Mort, que celui-là badine. Que falloit-il à Canus Julius, à Séneque, à Pétrone pour changer leur intrépidité, en puſillanimité, ou en poltronnerie? Une obſtruction dans la rate, dans le foie, un embar-ras dans la veine Porte. Pourquoi? Parceque l'imagination ſe bouche avec les viſcères; & de là naiſſent tous ces ſinguliers Phénomènes de l'Affection hyſtérique & Hipocondriaque.

Que dirois-je de nouveau ſur ceux qui s'imaginent être transformés en *Loups-garoux*, en *Coqs*, en *Vanpires*, qui croient que les Morts les ſucent? Pourquoi m'arrêterois-je à ceux qui voient leur nez, ou autres membres de verre, & à qui il faut conſeiller de coucher ſur la paille, de peur qu'il ne ſe caſſent;

afin

afin qu'ils en retrouvent l'ufage & la véritable chair ; lorsque mettant le feu à la paille on leur fait craindre d'être brulés : frayeur qui a quelque fois guéri la Paralyfie ? Je dois legèrement paffer fur des chofes connües de tout le Monde.

Je ne ferai pas plus long fur le détail des effets du Sommeil. Voiez ce Soldat fatigué ! il ronfle dans la tranchée, au bruit de cent pièces de canons ! Son Ame n'entend rien, fon Sommeil eft une parfaite Apoplexie. Une Bombe va l'écrafer ; il fentira peut-être moins ce coup qu'un infecte qui fe trouve fous le pié.

D'un autre côté, cet homme que la Jaloufie, la Haine, l'Avarice, ou l'Ambition dévore, ne peut trouver aucun repos. Le lieu le plus tranquille, les boiffons les plus fraîches & les plus calmantes, tout eft inutile à qui n'a pas délivré fon cœur du tourment des Paffions.

L'Ame & le Corps s'endorment enfemble. A mefure que le mouvement du fang fe calme, un doux fentiment de paix & de tranquilité fe répand dans toute la Machine ; l'Ame fe fent mollement s'appéfantir avec les pau-

A 6   pières

pières & s'affaisser avec les fibres du cerveau: elle devient ainsi peu à peu comme paralitique, avec tous les muscles du corps. Ceux-ci ne peuvent plus porter le poids de la tête; celle là ne peut plus soutenir le fardeau de la pensée; elle est dans le Sommeil, comme n'étant point.

LA circulation se fait-elle avec trop de vitesse? l'Ame ne peut dormir. L'Ame est-elle trop agitée, le Sang ne peut se calmer; il galope dans les veines avec un bruit qu'on entend: telles sont les deux causes réciproques de l'insomnie. Une seule fraieur dans les Songes fait battre le cœur à coups redoublés, & nous arrache à la nécessité, ou à la douceur du repos, comme feroient une vive douleur, ou des besoins urgens. Enfin comme la seule cessation des fonctions de l'Ame procure le Sommeil, il est, même pendant la veille (qui n'est alors qu'une demie veille) des sortes de petits Sommeils d'Ame très fréquens, des *Rêves à la Suisse*, qui prouvent que l'Ame n'attend pas toujours le corps pour dormir; car si elle ne dort pas tout-à-fait, combien peu s'en faut-il! puisqu'il qu'il lui eſt impoſſible d'aſſigner un ſeul objet auquel elle ait prêté quelque attention, parmi cette foule inombrable d'idées confuſes, qui comme autant de nuages, rempliſſent, pour ainſi dire, l'Atmoſphère de notre cerveau.

L'Opium a trop de rapport avec le Sommeil qu'il procure, pour ne pas le placer ici. Ce remede enivre, ainſi que le vin, le caffé &c. chacun à ſa manière, & ſuivant ſa doſe. Il rend l'Homme heureux dans un état qui ſembleroit devoir être le tombeau du ſentiment, comme il eſt l'image de la Mort. Quelle douce Léthargie! L'Ame n'en voudroit jamais ſortir. Elle ètoit en proie aux plus grandes douleurs; elle ne ſent plus, que le ſeul plaiſir de ne plus ſouffrir & de jouïr de la plus charmante tranquilité. L'Opium change juſqu'à la volonté; il force l'Ame qui vouloit veiller & ſe divertir, d'aller ſe mettre au Lit malgré elle. Je paſſe ſous ſilence l'Hiſtoire des Poiſons.

C'est en fouëttant l'imagination, que le Caffé, cet Antidote du Vin, diſſipe nos maux de tête & nos chagrins, ſans nous en ménager, comme

A 7

me

me cette Liqueur, pour le lendemain.

CONTEMPLONS l'Ame dans ſes autres beſoins.

LE corps humain eſt une Machine qui monte elle-même ſes reſſorts; vivante image du mouvement perpetuel. Les alimens entretiennent ce que la fièvre excite. Sans eux l'Ame languit, entre en fureur & meurt abatue. C'eſt une bougie dont la lumière ſe ranime, au moment de s'éteindre. Mais nourriſſez le corps, verſez dans ſes tuiaux des Sucs vigoureux, des liqueurs fortes; alors l'Ame généreuſe comme elles s'arme d'un fier courage, & le Soldat que l'eau eut fait fuir, devenu féroce, court gaiement à la mort au bruit des tambours. C'eſt ainſi que l'eau chaude agite un Sang que l'eau froide eut calmé.

QUELLE puiſſance d'un Repas! La joie renaît dans un cœur triſte; elle paſſe dans l'Ame des Convives qui l'expriment par d'aimables chanſons, où le François excelle. Le Mélancolique ſeul eſt accablé, & l'Homme d'étude n'y eſt plus propre.

LA viande crüe rend les animaux féroces; les hommes le deviendroient par la même nourriture; cela eſt ſi vrai,
que

que la nation Angloife, qui ne mange pas la chaire fi cuite que nous, mais rouge & fanglante, paroit participer de cette férocité plus ou moins grande, qui vient en partie de tels Alimens, & d'autres caufes, que l'Education peut feule rendre impuiffantes. Cette férocité produit dans l'Ame l'orguëil, la haine, le mépris des autres Nations, l'indocilité & autres fentimens, qui dépravent le caractère, comme des alimens groffiers font un efprit lcurd, épais, dont la pareffe & l'indolence font les attributs favoris.

Mr. Pope a bien connu tout l'empire de la gourmandife, lorfqu'il dit :
„ Le grave Catius parle toujours de
„ vertu, & croit que, qui fouffre les
„ Vicieux, eft vicieux lui-même. Ces
„ beaux fentimens durent jufqu'à l'heu-
„ re du diner; alors il préfère un
„ fcélerat, qui a une table délicate, à
„ un Saint frugal.

„ CONSIDEREZ, dit-il ailleurs,
„ le même Homme en fanté, ou en
„ maladie; poffedant une belle char-
„ ge, ou l'aiant perduë; vous le ver-
„ rez chérir la vie, ou la détefter,
„ Fou à la chaffe, Ivrogne dans une
Affem-

„ Assemblée de Province, Poli au
„ bal, bon Ami en Ville, sans foi à
„ la Cour.

Nous avons eu en Suisse un Baillif,
nommé Mr. Steiguer de Wittighofen;
il étoit à jeun le plus intègre & même
le plus indulgent des juges; mais malheur au misérable qui se trouvoit sur
la Sellette, lorsqu'il avoit fait un grand
diner! Il étoit homme à faire pendre
l'innocent, comme le coupable.

Nous pensons, & même nous
ne sommes honnêtes Gens, que comme nous sommes gais, ou braves; tout
dépend de la manière dont notre Machine est montée. On diroit en certains momens que l'Ame habite dans
l'estomac, & que Van Helmont en
mettant son siége dans le Pylore ne
se seroit trompé, qu'en prenant la Partie pour le tout.

A quels excès la faim cruelle peut
nous porter! Plus de respect pour les
entrailles auxquelles on doit, ou on
a donné la vie; on les déchire à belles dens, on s'en fait d'horribles fe-
stins; & dans la fureur, dont on est
transporté, le plus foible est toujours la
proie du plus fort.

LA

LA groſſeſſe, cette Emule deſirée des pâles couleurs, ne ſe contente pas d'amener le plus ſouvent à ſa ſuite les gouts dépravés qui accompagnent ces deux états: elle a quelquefois fait éxécuter à l'Ame les plus affreux complots; effets d'une manie ſubite, qui étouffe juſqu'à la Loi naturelle. C'eſt ainſi que le cerveau, cette Matrice de l'eſprit, ſe pervertit à ſa manière, avec celle du corps.

QUELLE autre fureur d'homme ou de Femme, dans ceux que la continence & la ſanté pourſuivent! C'eſt peu pour cette Fille timide & modeſte d'avoir perdu toute honte & toute pudeur; elle ne regarde plus l'inceſte, que comme une femme galante regarde l'Adultère. Si ſes beſoins ne trouvent pas de promts ſoulagemens, ils ne ſe borneront point aux ſimples accidens d'une paſſion Utérine, à la Manie &c. cette malheureuſe mourra d'un mal, dont il y a tant de Médecins.

IL ne faut que des yeux pour voir l'Influence néceſſaire de l'âge ſur la Raiſon. L'Ame ſuit les progrès du corps, comme ceux de l'Education. Dans le beau ſexe, l'Ame ſuit encore

la

la Délicatesse du tempérament : de là cette tendresse, cette affection, ces sentimens vifs, plutôt fondés sur la passion, que sur la raison; ces préjugés, ces superstitions, dont la forte empreinte peut à peine s'effacer &c. L'Homme, au contraire, dont le cerveau & les nerfs participent de la fermeté de tous les solides, a l'esprit, ainsi que les traits du visage, plus nerveux : l'Education, dont manquent les femmes, ajoute encore de nouveaux degrés de force à son ame. Avec de tels secours de la Nature & de l'art, comment ne seroit-il pas plus reconnoissant, plus généreux, plus constant en amitié, plus ferme dans l'adversité ? &c. Mais, suivant à peu près la pensée de l'Auteur des Lettres sur les Physionomies; Qui joint les graces de l'Esprit & du corps à presque tous les sentimens du cœur les plus tendres & les plus délicats, ne doit point nous envier une double force, qui ne semble avoir été donnée à l'Homme; l'une, que pour se mieux pénétrer des attraits de la beauté; l'autre, que pour mieux servir à ses plaisirs.

IL n'est pas plus nécessaire d'être
auffi

auffi grand Phifionomifte , que cet
Auteur pour deviner la qualité de l'efprit, par la figure, ou la forme des
traits, lorsqu'ils font marqués jusqu'à
un certain point; qu'il ne l'eft d'être
grand Médecin, pour connoître un
mal accompagné de tous fes fympto-
mes évidens. Examinez les Portraits
de Locke, de Steele, de Boerhaave, de
Maupertius, &c. vous ne ferez point
furpris de leur trouver des Phifiono-
mies fortes, des yeux d'Aigle. Par-
courez en une infinité d'autres, vous
diftinguerez toujours le beau du grand
Génie, & même fouvent l'honnête Homme du Fripon. On a remarqué, par
exemple, qu'un Poëte célebre réunit
(dans fon Portrait) l'air d'un Filou,
avec le feu de Prométhée.

L'Histoire nous offre un mémo-
rable exemple de la puiffance de l'air.
Le fameux Duc de Guife étoit fi fort
convaincu que Henri III. qui l'avoit eu
tant de fois en fon pouvoir, n'oferoit
jamais l'affaffiner, qu'il partit pour Blois.
Le Chancelier Chyverni apprenant fon
départ, s'écria: *voila un Homme perdu.*
Lorsque fa fatale prédiction fut juftifiée
par l'évènement, on lui en demanda

la

la raifon. *Il y a vingt ans*, dit-il, *que je connois le Roi; il eft naturellement bon & même foible; mais j'ai obfervé qu'un rien l'impatiente & le met en fureur, lorfqu'il fait froid.*

TEL peuple a l'efprit lourd & ftupide; tel autre l'a vif, léger, pénétrant. D'où cela vient-il, fi ce n'eft en partie, & de la nourriture qu'il prend, & de la femence de fes Pères, † & de ce Cahos de divers élemens qui nagent dans l'immenfité de l'air? L'Efprit a comme le Corps, fes maladies épidémiques & fon fcorbut.

TEL eft l'empire du Climat, qu'un Homme qui en change, fe reffent malgré lui de ce changement. C'eft une Plante ambulante, qui s'eft elle même transplantée; fi le Climat n'eft plus le même, il eft jufte qu'elle dégénère, ou s'améliore.

ON prend tout encore de ceux avec qui l'on vit, leurs geftes, leurs accens &c. comme la paupière fe baiffe à la menace

† *L'Hiftoire des Animaux & des Hommes prouve l'Empire de la femence des Pères fur l'Efprit, & le corps des Enfans.*

nace du coup dont on eſt prévenu, ou
par la même raiſon que le corps du
Spectateurimite machinalement, & malgré lui, tous les mouvemens d'un bon
Pantomime.

Ce que je viens de dire prouve que
la meilleure Compagnie pour un Homme d'eſprit, eſt la ſienne, s'il n'en
trouve une ſemblable. L'Eſprit ſe rouil-
le avec ceux qui n'en ont point, faute
d'être exercé: à la paume, on renvoie
mal la bale, à qui la ſert mal. J'aime-
rois mieux un Homme intelligent, qui
n'auroit eu aucune éducation, que s'il
en eût eu une mauvaiſe, pourvû qu'il
fût encore aſſez jeune. Un Eſprit mal
conduit, eſt un Acteur que la Province a gaté.

Les divers Etats de l'Ame ſont donc
toujours corrélatifs à ceux du corps.
Mais pour mieux démontrer toute cette
dépendance, & ſes cauſes, ſervons nous
ici de l'Anatomie comparée; Ouvrons
les entrailles de l'Homme & des Animaux. Le moien de connoître la Nature humaine, ſi l'on n'eſt éclairé par
un juſte Parallèle de la Structure des
uns & des autres!

En général la forme & la compoſi-
tion

tion du cerveau des Quadrupèdes eſt
à peu près la même, que dans l'Homme. Même figure, même diſpoſition
par tout; avec cette difference eſſentiel-
le, que l'Homme eſt de tous les Animaux, celui qui a le plus de cerveau,
& le cerveau le plus tortueux, en raiſon de la Maſſe de ſon corps: Enſuite
le Singe, le Caſtor, l'Eléphant, le
Chien, le Renard, le Chat &c. voila
les Animaux qui reſſemblent le plus à
l'Homme; car on remarque auſſi chez
eux la même Analogie graduée, par
rapport au corps caleux, dans lequel
Lanciſi avoit établie le fiége de l'Ame,
avant feu Mr. de la Peyronnie, qui cependant a illuſtré cette opinion par
une foule d'expériences.

APRE's tous les Quadrupèdes, ce
ſont les oiſeaux qui ont le plus de cerveau. Les Poiſſons ont la tête groſſe;
mais elle eſt vuide de Sens, comme
celle de bien des Hommes. Ils n'ont
point de corps caleux & fort peu de cerveau, lequel manque aux Inſectes.

JE ne me repandrai point en un
plus long détail des variétés de la Nature, ni en conjectures, car les unes &
les autres ſont infinies; comme on en
peut

peut juger, en lifant les feuls Traités
de Willis *De Cérebro*, & *de Anima
Brutorum.*

JE concluerai feulement ce qui s'en
fuit clairement de ces incontestables
Obfervations, 1°. que plus les Animaux font farouches, moins ils ont de
cerveau ; 2°. que ce vifcère femble
s'agrandir en quelque forte, à proportion de leur docilité; 3°. qu'il y a ici
une fingulière condition impofée éter-
nellement par la Nature, qui eft que
plus on gagnera du côté de l'Efprit,
plus on perdra du côté de l'inftinct.
Lequel l'emporte de la perte, ou du
gain ?

NE croiez pas au refte que je veuille
prétendre par là que le feul volume
du cerveau fuffife pour faire juger du
degré de docilité des Animaux; il faut
que la qualité réponde encore à la quantité, & que les folides & les fluides
foient dans cet équilibre convenable
qui fait la fanté

Si l'imbécile ne manque pas de
cerveau, comme on le remarque or-
dinairement, ce vifcère péchera par
une mauvaife confiftance, par trop
de moleffe, par exemple. Il en eft

de

de même des Fous ; les vices de leur cerveau ne se dérobent pas toujours à nos recherches ; mais si les causes de l'Imbécilité, de la Folie &c. ne sont pas sensibles, où aller chercher celles de la variété de tous les Esprits ? Elles échaperoient aux yeux des Linx & des Argus *Un rien, une petite fibre, quelque chose que la plus subtile Anatomie ne peut decouvrir*, eut fait deux Sots, d'Erasme, & de Fontenelle, qui le remarque lui même dans un de ses meilleurs *Dialogues*.

Outre la Molesse de la moëlle du cerveau, dans les Enfans, dans les petits Chiens & dans les Oiseaux, Willis a remarqué que les *Corps cannelés* sont effacés & comme décolorés dans tous ces Animaux ; & que leurs *Stries* sont aussi imparfaitement formés que dans les Paralytiques. Il ajoute, ce qui est vrai, que l'Homme a la Protubérance annulaire fort grosse ; & ensuite toujours diminutivement par dégrés, le Singe & les autres Animaux nommés ci-devant, tandis que le Veau, le Bœuf, le Loup, la Brébis, le Cochon &c. qui ont cette

par-

partie d'un très petit volume, ont les *Nates & Tefles* fort gros.

ON a beau être difcret & réfervé fur les conféquences qu'on peut tirer de ces Obfervations & de tant d'autres fur l'Efpèce d'Inconftance des vaiffeaux & des nerfs &c. : tant de variétés ne peuvent être des jeux gratuits de la Nature. Elles prouvent du moins la néceffité d'une bonne & abondante organifation, puisque dans tout le Regne Animal l'Ame fe raffermiffant avec le corps, acquiert de la Sagacité, à mefure qu'il prend des forces.

ARRETONS nous à contempler la différente docilité des Animaux. Sans doute l'Analogie la mieux entendüe conduit l'Efprit à croire que les caufes dont nous avons fait mention, produifent toute la diverfité qui fe trouve entr'eux & nous, quoi-qu'il faille avoüer que notre foible entendement, borné aux obfervations les plus groffières, ne puiffe voir les liens qui regnent entre la caufe & les effets. C'eft une efpèce d'*harmonie* que les Philofophes ne connoîtront jamais.

PARMI les Animaux, les uns apprennent à parler & à chanter; ils re-

B   tien-

tiennent des airs & prenent tous les
tons auſſi exactement qu'un Muſicien.
Les autres, qui montrent cependant
plus d'eſprit, tels que le Singe, n'en
peuvent venir à bout. Pourquoi cela,
ſi ce n'eſt par un vice des organes de
la parole?

MAIS ce vice eſt-il tellement de
conformation, qu'on n'y puiſſe aporter
aucun remède? en un mot ſeroit-il abſolument impoſſible d'apprendre une
Langue à cet Animal? Je ne le crois pas.

JE prendrois le grand Singe préfé-
rablement à tout autre, juſqu'à ce que
le hazard nous eût fait découvrir quelqu'autre eſpèce plus ſemblable à la
nôtre, car rien ne répugne qu'il y en
ait dans des Régions qui nous ſont
inconnuës. Cet Animal nous reſſemble ſi fort, que les Naturaliſtes l'ont
apellé *Homme ſauvage*, ou Homme
des Bois. Je le prendrois aux mèmes
conditions des Ecoliers d'Amman; c'eſt-
à dire, que je voudrois qu'il ne fût ni
trop jeune, ni trop vieux; car ceux
qu'on nous aporte en Europe, ſont
communement trop âgés. Je choiſi-
rois celui qui auroit la phyſionomie la
plus ſpirituelle, & qui tiendroit le
mieux

mieux dans mille petites opérations, ce qu'elle m'auroit promis. Enfin ne me trouvant pas digne d'être son Gouverneur, je le mettrois à l'Ecole de l'excellent Maître que je viens de nommer, ou d'un autre aussi habile, s'il en est.

Vous savéz par le Livre d'Amman, & par tous ceux * qui ont traduit sa Méthode, tous les prodiges qu'il a sû opérer sur les sourds de naissance, dans les yeux desquels il a, comme il le fait entendre lui-mème, trouvé des oreilles; & en combien peu de tems enfin il leur a appris à entendre, parler, lire, & écrire. Je veux que les yeux d'un sourd voient plus clair & soient plus intelligens que s'il ne l'étoit pas, par la raison que la perte d'un membre, ou d'un sens peut augmentre la force, ou la pénétration d'un autre: mais le Singe voit & entend; il comprend ce qu'il entend & ce qu'il voit: Il conçoit si parfaitement les Signes qu'on lui fait, qu'à tout autre jeu, ou tout autre exercice, je ne doute point

qu'il

* *L'Auteur de l'Histoire naturelle de l'Ame &c.*

B 2

qu'il ne l'emportât fur les difciples d'Amman. Pourquoi donc l'éducation des Singes feroit-elle impoffible? Pourquoi ne pourroit-il enfin, à force de foins, imiter, à l'exemple des fourds, les mouvemens néceffaires pour prononcer? Je n'ofe décider fi les organes de la parole du finge ne peuvent, quoiqu'on faffe, rien articuler; mais cette impoffibilité abfolüe me furprendroit, à caufe de la grande Analogie du Singe & de l'Homme, & qu'il n'eft point d'Animal connu jufqu'à préfent, dont le dedans & le dehors lui reffemblent d'une manière fi frappante. Mr. Locke, qui certainement n'a jamais été fufpeĉt de crédulité, n'a pas fait difficulté de croire l'Hiftoire que le Chevalier Temple fait dans fes Mémoires, d'un Perroquet, qui répondoit à propos & avoit appris, comme nous, à avoir une efpèce de converfation fuivie. Je fai qu'on s'eft moqué † de ce grand Métaphificien; mais qui auroit annoncé à l'Univers qu'il y a des générations qui fe font fans œufs & fans Femmes, auroit-il trouvé beaucoup de

† *L'Auteur de l'Hift. de l'Ame.*

de Partifans? Cependant Mr. Trembley en a découvert, qui fe font fans accouplement, & par la feule feétion. Amman n'eut-il pas auffi paffé pour un Fou, s'il fe fut vanté, avant que d'en faire l'heureufe expérience, d'inftruire, & en auffi peu de tems, des Ecoliers, tels que les fiens? Cependant fes fuccès ont étonné l'Univers, & comme l'Auteur de l'Hiftoire des Polypes, il a paffé de plein vol à l'immortalité. Qui doit à fon génie les miracles qu'il opère, l'emporte à mon gré, fur qui doit les Siens au hazard. Qui a trouvé l'art d'embellir le plus beau des Règnes, & de lui donner des perfeétions qu'il n'avoit pas, doit être mis au-deffus d'un Faifeur oifif de fiftêmes frivoles, ou d'un Auteur laborieux de ftériles découvertes. Celles d'Amman font bien d'un autre prix; il a tiré les Hommes, de l'Inftinét auquel ils fembloient condamnés; il leur a donné des idées, de l'Efprit, une Ame en un mot, qu'ils n'euffent jamais eüe. Quel plus grand pouvoir!

NE bornons point les reffources de la Nature; elles font infinies, furtout aidées d'un grand Art.

B 3   LA

La même Mécanique, qui ouvre le Canal d'Euſtachi dans les Sourds, ne pouroit-il le déboucher dans les Singes? Une heureuſe envie d'imiter la prononciation du Maître, ne pourroit-elle mettre en liberté les organes de la parole, dans des Animaux, qui imitent tant d'autres Signes, avec tant d'adreſſe & d'intelligence? Non ſeulement je défie qu'on me cite aucune expérience vraiment concluante, qui décide mon projet impoſſible & ridicule; mais la ſimilitude de la ſtructure & des opérations du Singe eſt telle, que je ne doute preſque point, ſi on exerçoit parfaitement cet Animal, qu'on ne vint enfin à bout de lui apprendre à prononcer, & par conſequent à ſavoir une langue. Alors ce ne ſeroit plus ni un Homme Sauvage, ni un Homme manqué: ce ſeroit un Homme parfait, un petit Homme de Ville, avec autant d'étoffe ou de muscles que nous mêmes, pour penſer & profiter de ſon éducation.

Des Animaux, à l'Homme, la tranſition n'eſt pas violente; les vrais Philoſophes en conviendront. Qu'étoit l'Homme, avant l'invention des
Mots

Mots & la connoiſſance des Langues?
Un Animal de ſon eſpèce, qui avec
beaucoup moins d'inſtinct naturel, que
les autres, dont alors il ne ſe croioit
pas Roi, n'étoit diſtingué du Singe &
des autres Animaux, que comme le
Singe l'eſt lui-même ; je veux dire par
une phyſionomie qui annonçoit plus
de diſcernement. Réduit à la ſeule
connoiſſance intuitive des Leibnitiens,
il ne voioit que des Figures & des
Couleurs, ſans pouvoir rien diſtinguer
entr'elles ; vieux, comme jeune, Enfant à tout âge, il bégaioit ſes ſenſations & ſes beſoins, comme un chien
affamé, ou ennuié du repos, damande
à manger, ou à ſe promener.

Lᴇs Mots, les Langues, les Loix,
les Sciences, les Beaux Arts ſont venus ;
& par eux enfin le Diamant brut de
notre eſprit a été poli. On a dreſſé
un Homme, comme un Animal ; on
eſt devenu Auteur, comme Porte-faix.
Un Géomètre a appris à faire les Dé-
monſtrations & les Calculs les plus
dificiles, comme un Singe a ôter, ou
mettre ſon pétit chapeau, & à monter
ſur ſon chien docile. Tout s'eſt fait
par des Signes ; chaque eſpèce a com-

B 4   pris

pris ce qu'elle a pu comprendre : & c'eſt de cette manière que les Hommes ont acquis *la connoiſſance ſymbolique*, ainſi nommée encore par nos Philoſophes d'Allemagne.

RIEN de ſi ſimple, comme on voit, que la Mécanique de notre Education! Tout ſe réduit à des ſons, ou à des mots, qui de la bouche de l'un, paſſent par l'oreille de l'autre, dans le cerveau, qui reçoit en même tems par les yeux la figure des corps, dont ces mots ſont les Signes arbitraires.

MAIS qui a parlé le premier? Qui a été le premier Précepteur du Genre humain? Qui a inventé les moiens de mettre à profit la docilité de notre organiſation? Je n'en ſai rien; le nom de ces heureux & premiers Génies a été perdu dans la nuit des tems. Mais l'Art eſt le fils de la Nature; elle a dû long-tems le précéder.

ON doit croire que les Hommes les mieux organiſés, ceux pour qui la Nature aura épuiſé ſes bienfaits, auront inſtruit les autres. Ils n'auront pû entendre un bruit nouveau par exemple, éprouver de nouvelles ſenſations, être frappé de tous ces beaux objets

divers

divers qui forment le raviſſant Spectacle de la Nature, ſans ſe trouver dans
le cas de ce Sourd de Chartres dont le
grand Fontenelle nous a le premier
donné l'Hiſtoire, lorsqu'il entendit pour
la première fois à quarante ans le bruit
étonnant des cloches.

DE là ſeroit-il abſurde de croire
que ces premiers Mortels, eſſaièrent à
la manière de ce Sourd, ou à celle des
Animaux & des Müets, (autre Eſpèce
d'Animaux) d'exprimer leurs nouveaux
ſentimens, par des mouvemens dépen-
dans de l'Economie de leur imagination, & conſéquemment enſuite par des
ſons ſpontanés propres à chaque Animal ; expreſſion naturelle de leur ſur-
priſe, de leur joie, de leurs tranſports,
ou de leurs beſoins ? Car ſans doute
ceux que la Nature a doüés d'un ſentiment plus exquis, ont eu auſſi plus de
facilité pour l'exprimer.

VOILA' comme je conçois que les
Hommes ont emploié leur ſentiment,
ou leur inſtinct, pour avoir de l'eſprit,
& enfin leur eſprit, pour avoir des connoiſſances. Voilà par quels moiens,
autant que je puis les ſaiſir, on s'eſt
rempli le cerveau des idées, pour

la reception desquelles la Nature l'avoit
formé.　On s'eſt aidé l'un par l'autre;
& les plus petits commencemens s'a-
grandiſſant peu à peu, toutes les cho-
ſes de l'Univers ont été auſſi facilement
diſtinguées, qu'un Cercle.

Comme une corde de Violon, ou
une touche de Clavecin frémit & rend
un ſon, les cordes du cerveau frapées
par les raions ſonores, ont été excitées
à rendre, ou à redire les mots qui les
touchoient.　Mais comme telle eſt la con-
ſtruction de ce viſcère, que dès qu'u-
ne fois les yeux bien formés pour l'Optique, ont reçu la peinture des Objets,
le cerveau ne peut pas ne pas voir leurs
images & leurs différences: de même
lorsque les Signes de ces différences
ont été marqués, ou gravés dans le
cerveau, l'Ame en a néceſſairement
examiné les raports; examen qui lui
étoit impoſſible, ſans la découverte
des Signes, ou l'invention des Langues.　Dans ces tems, où l'Univers
étoit presque müet, l'Ame étoit à l'é-
gard de tous les objets, comme un
Homme, qui, ſans avoir aucune idée des
proportions, regarderoit un tableau,
ou une pièce de Sculpture; il n'y pourroit

roit rien diftinguer; ou comme un petit Enfant, (car alors l'Ame étoit dans fon Enfance) qui tenant dans fa main un certain nombre de petits brins de paille, ou de bois, les voit en général d'une vüe vague & fuperficielle, fans pouvoir les compter, ni les diftinguer. Mais qu'on mette une efpèce de Pavillon, ou d'Etendart à cette pièce de bois, par Exemple, qu'on appelle Mât, qu'on en mette un autre à un autre pareil corps; que le premier venu fe nombre par le Signe 1. & le fecond par le Signe ou chiffre 2; alors cet Enfant pourra les compter, & ainfi de fuite il apprendra toute l'Arithmetique. Dès qu'une Figure lui paroîtra égale à une autre par fon Signe *numératif*, il conclura fans peine que ce font deux Corps différens; que 1. & 1. font deux, que 2. & 2. font 4. † &c.

C'EST cette fimilitude réelle, ou apparente des Figures, qui eft la Bafe
B 6 fon-

---

† *Il y a encore aujourd'hui des Peuples, qui faute d'un plus grand nombre de Signes, ne peuvent compter que jusqu'à 20.*

fondamentale de toutes les vérités &
de toutes nos connoissances, parmi lesquelles il est évident que celles dont
les Signes sont moins simples & moins
sensibles, sont plus difficiles à apprendre que les autres; en ce qu'elles de-
mandent plus de Génie, pour embrasser
& combiner cette immense quantité
de mots, par lesquels les Sciences dont
je parle expriment les vérités de leur
ressort: tandis que les Sciences, qui
s'annoncent par des chiffres, ou autres
petits Signes, s'apprennent facilement;
& c'est sans doute cette facilité qui a
fait la fortune des Calculs Algébriques,
plus encore que leur évidence.

T o u t ce savoir dont le vent enfle
le Balon du cerveau de nos Pédans or-
gueilleux, n'est donc qu'un vaste amas
de Mots & de Figures, qui forment
dans la tête toutes les traces, par lesquelles nous distinguons & nous nous rapel-
lons les objets. Toutes nos idées se
réveillent, comme un Jardinier qui
connoît les Plantes, se souvient de
toutes leurs phrases à leur aspect. Ces
Mots & ces Figures qui sont désignées
par eux, sont tellement liées ensemble
dans le cerveau, qu'il est assez rare
qu'on

qu'on imagine une chose, sans le nom, ou le Signe qui lui est attaché.

JE me sers toujours du mot *imaginer*, parceque je crois que tout s'imagine, & que toutes les parties de l'Ame peuvent être justement réduites à la seule imagination, qui les forme toutes; & qu'ainsi le jugement, le raisonnement, la mémoire ne sont que des parties de l'Ame nullement absolües, mais de véritables modifications de cette espèce de *toile médullaire*, sur laquelle les objets peints dans l'œil, sont renvoiés, comme d'une Lanterne magique.

MAIS si tel est ce merveilleux & incompréhensible résultat de l'Organisation du Cerveau; si tout se conçoit par l'imagination, si tout s'explique par elle; pourquoi diviser le Principe sensitif qui pense dans l'Homme? N'est-ce pas une contradiction manifeste dans les Partisans de la simplicité de l'esprit? Car une chose qu'on divise, ne peut plus être sans absurdité, regardée comme indivisible. Voilà où conduit l'abus des Langues, & l'usage de ces grands Mots, *spiritualité, immatérialité* &c. placés à tout hazard,

B 7

zard, fans être entendus, même par des gens d'Efprit.

RIEN de plus facile que de prouver un Syftème, fondé comme celui-ci, fur le fentiment intime & l'expérience propre de chaque individu. L'imagination, ou cette partie fantaftique du cerveau, dont la nature nous eft auffi inconnue, que fa manière d'agir, eft-elle naturellement petite, ou foible? elle aura à peine la force de comparer l'Analogie, ou la reffemblance de fes idées; elle ne pourra voir que ce qui fera vis-à-vis d'elle, ou ce qui l'affectera le plus vivement; & encore de quelle manière! Mais toujours eft-il vrai que l'imagination feule aperçoit; que c'eft elle qui fe repréfente tous les objets, avec les mots & les figures qui les caractérifent; & qu'ainfi c'eft elle encore une fois qui eft l'Ame, puifqu'elle en fait tous les Rôles. Par elle, par fon pinceau flatteur, le froid fquélette de la Raifon prend des chairs vives & vermeilles; par elle les Sciences fleuriffent, les Arts s'embelliffent, les Bois parlent, les Echos foupirent, les Rochers pleurent, le Marbre refpire, tout prend vie parmi

mi les corps inanimés. C'eſt elle encore qui ajoute à la tendreſſe d'un cœur
amoureux, le piquant attrait de la volupté; Elle la fait germer dans le Cabinet du Philoſophe, & du Pédant
poudreux; elle forme enfin les Savans
comme les Orateurs & les Poëtes. So-
tement décriée par les uns, vainement
diſtinguée par les autres, qui tous
l'ont mal connuë, elle ne marche pas
ſeulement à la ſuite des Graces & des
beaux Arts, elle ne peint pas ſeulement
la Nature, elle peut auſſi la meſurer.
Elle raiſonne, juge, pénètre, compare, approfondit. Pourroit-elle ſi bien
ſentir les beautés des tableaux qui lui
ſont tracés, ſans en découvrir les rapports? Non; comme elle ne peut ſe
replier ſur les plaiſirs des ſens, ſans en
goûter toute la perfection, ou la volupté, elle ne peut réfléchir ſur ce
qu'elle a mécaniquement conçû, ſans
être alors le jugement même.

PLUS on exerce l'imagination, ou
le plus maigre Génie, plus il prend,
pour ainſi dire, d'embonpoint; plus
il s'agrandit, devient nerveux, robu-
ſte, vaſte & capable de penſer. La
meilleure Organiſation a beſoin de cet
exercice. L'OR-

L'ORGANISATION eſt le premier
mérite de l'Homme; c'eſt en vain que
tous les Auteurs de Morale ne mettent
point au rang des qualités eſtimables,
celles qu'on tient de la Nature, mais
ſeulement les talens qui s'acquièrent à
force de réflexions & d'induſtrie : car
d'où nous vient, je vous prie, l'habileté, la Science & la vertu, ſi ce n'eſt
d'une diſpoſition qui nous rend propres à devenir habiles, ſavans & vertueux ?　Et d'où nous vient encore
cette diſpoſition, ſi ce n'eſt de la Nature? Nous n'avons de qualités eſtimables que par elle; nous lui devons
tout ce que nous ſommes.　Pourquoi
donc n'eſtimerois-je pas autant ceux
qui ont des qualités naturelles, que
ceux qui brillent par des vertus acquiſes, & comme d'emprunt? Quelque
ſoit le mérite, de quelque endroit qu'il
naiſſe, il eſt digne d'eſtime; il ne
s'agit que de ſavoir la meſurer. L'Eſprit, la Beauté, les Richeſſes, la No-
bleſſe, quoiqu'Enfans du Hazard, ont
tous leur prix, comme l'Adreſſe, le
Savoir, la Vertu &c.　Ceux que la Nature a comblés de ſes dons les plus
précieux, doivent plaindre ceux à qui
ils

ils ont été refusés; mais ils peuvent sentir leur supériorité sans orgueil, & en connoisseurs. Une belle Femme seroit aussi ridicule de se trouver laide, qu'un Homme d'Esprit, de se croire un Sot. Une modestie outrée (défaut rare à la vérité) est une sorte d'ingratitude envers la Nature. Une honnête fierté au contraire est la marque d'une Ame belle & grande, que décelent des traits mâles moulés comme par le sentiment.

Si l'organisation est un mérite, & le premier mérite, & la source de tous les autres, l'instruction est le second. Le cerveau le mieux construit, sans elle, le seroit en pure perte; comme sans l'usage du monde, l'Homme le mieux fait ne seroit qu'un paysan grossier. Mais aussi quel seroit le fruit de la plus excellente Ecole, sans une Matrice parfaitement ouverte à l'entrée, ou à la conception des idées? Il est aussi impossible de donner une seule idée à un Homme, privé de tous les sens, que de faire un Enfant à une Femme, à laquelle la Nature auroit poussé la distraction jusqu'à oublier de faire un Vulve, comme je l'ai vû dans une, qui

qui n'avoit ni Fente, ni Vagin, ni
Matrice, & qui pour cette raison fut
démariée après dix ans de mariage.

MAIS si le cerveau est à la fois
bien organisé & bien instruit, c'est
une terre féconde parfaitement ense-
mencée, qui produit le centuple de
ce qu'elle a reçû : ou, (pour quitter
le stile figuré souvent nécessaire, pour
mieux exprimer ce qu'on sent & donner des graces à la Vérité même,)
l'imagination élevée par l'art, à la belle & rare dignité de Génie, saisit éxacte-
ment tous les rapports des idées qu'elle
a conçües, embrasse avec facilité une
foule étonnante d'objets, pour en tirer enfin une longue chaîne de con-
séquences, lesquelles ne font encore
que de nouveaux rapports, enfantés
par la comparaison des premiers, auxquels l'Ame trouve une parfaite ressemblance. Telle est, selon moi, la
génération de l'Esprit. Je dis *trouve*,
comme j'ai donné ci-devant l'Epithè-
te d'*Apparente*, à la similitude des
objets : Non que je pense que nos
sens soient toujours trompeurs, comme l'a pretendu le Père Mallebranche, ou que nos yeux naturellement

un

un peu ivres ne voient pas les objets,
tels qu'ils font en eux mêmes, quoique les Microscopes nous le prouvent
tous les jours; mais pour n'avoir aucune difpute avec les Pyrrhoniens, parmi lesquels Bayle s'eft diftingué.

Je dis de la Vérité en général ce
que Mr. de Fontenelle dit de certaines en particulier, qu'il faut la facri-
fier aux agrémens de la Société. Il
eft de la douceur de mon caractère,
d'obvier à toute difpute, lorsqu'il ne
s'agit pas d'aiguifer la converfation.
Les Cartéfiens viendroient ici vainement à la charge avec leurs *idées in-*
nées; je ne me donnerois certainement pas le quart de la peine qu'a
prife Mr. Locke pour attaquer de telles chimères. Quelle utilité en effet
de faire un gros Livre, pour prouver
une doctrine qui étoit érigée en axio-
me, il y a trois mille ans?

Suivant les principes que nous
avons pofés, & que nous croions
vrais, celui qui a le plus d'imagination
doit être regardé, comme aiant le
plus d'efprit, ou de génie, car tous
ces mots font fynonimes; & encore
une fois c'eft par un abus honteux
qu'on

qu'on croit dire des chofes différentes, lorsqu'on ne dit que différens mots ou différens fons, auxquels on n'a attaché aucune idée, ou diftinction réelle.

LA plus belle, la plus grande, ou la plus forte imagination, eft donc la plus propre aux Sciences, comme aux Arts. Je ne décide point s'il faut plus d'efprit pour exceller dans l'Art des Ariftotes, ou des Descartes, que dans celui des Euripides, ou des Sophocles; & fi la Nature s'eft mife en plus grands frais, pour faire Newton, que pour former Corneille, (ce dont je doute fort;) mais il eft certain que c'eft la feule imagination diverfement appliquée, qui a fait leur différent triomphe & leur gloire immortelle.

SI quelqu'un paffe pour avoir peu de jugement, avec beaucoup d'imagination; cela veut dire que l'imagination trop abandonnée à elle même, presque toujours comme occupée à fe regarder dans le miroir de fes fenfations, n'a pas affez contracté l'habitude de les examiner elles mêmes avec attention; plus profondement pénetré

tré des traces, ou des images, que de leur vérité ou de leur reſſemblance.

Il eſt vrai que telle eſt la vivacité des reſſorts de l'imagination, que ſi l'attention, cette clé ou mère des Sciences, ne s'en mêle, il ne lui eſt guères permis que de parcourir & d'effleurer les objets.

Voiez cet Oiſeau ſur la branche, il ſemble toujours prêt à s'envoler; l'imagination eſt de même. Toujours emportée par le tourbillon du ſang & des Eſprits; une onde fait une trace, effacée par celle qui ſuit; l'Ame court après, ſouvent en vain: Il faut qu'elle s'attende à regretter ce qu'elle n'a pas aſſez vîte ſaiſi & fixé: & c'eſt ainſi que l'imagination, véritable Image du tems, ſe détruit & ſe renouvelle ſans ceſſe.

Tel eſt le cahos & la ſucceſſion continuelle & rapide de nos idées; elles ſe chaſſent, comme un flot pouſſe l'autre; de ſorte que ſi l'imagination n'emploie, pour ainſi dire, une partie de ſes muscles, pour être comme en équilibre ſur les cordes du cerveau, pour ſe ſoutenir quelque tems ſur un objet qui va fuir, & s'empêcher de tom-

tomber fur un autre, qu'il n'eft pas
encore tems de contempler; jamais
elle ne fera digne du beau nom de jugement. Elle exprimera vivement
ce qu'elle aura fenti de même; elle
formera les Orateurs, les Muficiens,
les Peintres, les Poëtes, & jamais un
feul Philofophe. Au contraire fi dès
l'enfance on accoutume l'imagination
à fe brider elle-même; à ne point fe
laiffer emporter à fa propre impétuofité, qui ne fait que de brillans Entou-
fiaftes; à arrêter, contenir fes idées,
à les retourner dans tous les fens, pour
voir toutes les faces d'un objet: alors
l'imagination prompte à juger, em-
braffera par le raifonnement, la plus
grande Sphère d'objets, & fa vivacité,
toujours de fi bon augure dans les Enfans, & qu'il ne s'agit que de regler
par l'étude & l'exercice, ne fera plus
qu'une pénétration clairvoiante, fans
laquelle on fait peu de progrès dans
les Sciences.

Tels font les fimples fondemens fur
lefquels a été bati l'édifice de la Lo-
gique. La Nature les avoit jettés pour
tout le Genre Humain; mais les uns en
ont profité, les autres en ont abufé.

MAL-

MALGRE' toutes ces prérogatives de l'Homme fur les Animaux,
c'eft lui faire honneur que de le ranger dans la même claffe. Il eft vrai
que jufqu'à un certain age, il eft plus
animal qu'eux, parce qu'il apporte
moins de d'inftinct en naiffant.

QUEL eft l'Animal qui mourroit
de faim au milieu d'une Rivière de
Lait? L'Homme feul. Semblable à
ce vieux Enfant dont un Moderne parle d'après Arnobe; il ne connoit ni
les alimens qui lui font propres, ni
l'eau qui peut le noyer, ni le feu qui
peut le réduire en poudre. Faites
briller pour la première fois la lumière
d'une bougie aux yeux d'un Enfant,
il y portera machinalement le doigt,
comme pour favoir quel eft le nouveau Phénomène qu'il aperçoit; c'eft
à fes dépens qu'il en connoîtra le danger, mais il n'y fera pas repris.

METTEZ-le encore avec un Animal fur le bord d'un précipice! lui
feul y tombera; il fe noye, où l'autre
fe fauve à la nage. A quatorze, ou
quinze ans, il entrevoit à peine les
grands plaifirs qui l'attendent dans la
reproduction de fon efpèce; déjà ado-

les-

lescent, il ne sait pas trop comment s'y prendre dans un jeu, que la Nature apprend si vite aux Animaux: il se cache, comme s'il étoit honteux d'avoir du plaisir & d'être fait pour être heureux, tandis que les Animaux se font gloire d'être *Cyniques*. Sans éducation, ils sont sans préjugés. Mais voions encore ce Chien & cet Enfant qui ont tous deux perdu leur Maître dans un grand chemin : l'Enfant pleure, il ne sait à quel saint se voüer; le Chien mieux servi par son odorat, que l'autre par sa raison, l'aura bientôt trouvé.

La Nature nous avoit donc faits pour être aux deſſous des Animaux, ou du moins pour faire par là même mieux éclater les prodiges de l'Education, qui seules nous tire du niveau & nous élève enfin au-deſſus d'eux. Mais accordera-t-on la même diſtinction aux Sourds, aux Aveugles nés, aux Imbéciles, aux Fous, aux Hommes Sauvages, ou qui ont été élevés dans les Bois avec les Bêtes ; à ceux dont l'affection hippocondriaque a perdu l'imagination, enfin à toutes ces Bêtes à figure humaine, qui ne montrent que l'inl'inftinct le plus groffier ? Non, tous ces Hommes de corps, & non d'efprit, ne méritent pas une claffe particulière.

NOUS n'avons pas deffein de nous diffimuler les objections qu'on peut faire en faveur de la diftinction primitive de l'Homme & des Animaux, contre notre fentiment. Il y a, dit-on, dans l'Homme une Loi naturelle, une connoiffance du bien & du mal, qui n'a pas été gravée dans le cœur des Animaux.

MAIS cette Objection, ou plutôt cette affertion eft-elle fondée fur l'expérience, fans laquelle un Philofophe peut tout rejetter ? En avons nous quelqu'une qui nous convainque que l'Homme feul a été éclairé d'un raion refufé à tous les autres Animaux ? S'il n'y en a point, nous ne pouvons pas plus connoître par elle ce qui fe paffe dans eux, & même dans les Hommes, que ne pas fentir ce qui affecte l'intérieur de notre Etre. Nous favons que nous penfons & que nous avons des remords; un fentiment intime ne nous force que trop d'en convenir; mais pour juger des remords d'autrui, ce fentiment qui eft dans nous eft infuffi-

C   fant:

fant : c'eft pourquoi il en faut croire
les autres Hommes fur leur parole, ou
fur les fignes fenfibles & extérieurs
que nous avons remarqués en nous
mèmes, lorsque nous éprouvions la mème confcience & les mèmes tourmens.

MAIS pour décider fi les Animaux
qui ne parlent point, ont reçu la Loi Naturelle, il faut s'en raporter conféquemment à ces fignes dont je viens de parler,
fupofé qu'ils éxiftent. Les faits femblent
le prouver. Le Chien qui a mordu fon
Maître qui l'agaçoit, a paru s'en repentir le moment fuivant ; on l'a vû trifte,
fâché, n'ofant fe montrer, & s'avouër
coupable par un air rampant & humi-
lié. L'Hiftoire nous offre un exemple célébre d'un Lion qui ne voulut
pas déchirer un Homme abandonné à
fa fureur, parcequ'il le reconnut pour
fon Bienfaiteur. Qu'il feroit à fouhaiter que l'Homme mème montrât toujours la mème reconnoiffance pour les
Bienfaits & le mème refpect pour l'humanité ! On n'auroit plus à craindre
les Ingrats, ni ces Guerres qui font le
fléau du Genre Humain & les vrais
Boureaux de la Loi Naturelle.

MAIS un Etre à qui la Nature a
don-

donné un inftinct fi précoce, fi éclairé,
qui juge, combine, raifonne & délibè-
re, autant que s'etend & lui permet la
Sphère de fon activité; un Etre qui
s'attache par les Bienfaits, qui fe déta-
che par les mauvais traitemens & va
effaier un meilleur Maître; un Etre
d'une ftructure femblable à la nôtre,
qui fait les mèmes opérations, qui à
les mèmes paffions, les mèmes douleurs,
les mèmes plaifirs, plus ou moins vifs,
fuivant l'empire de l'imagination & la
délicateffe des nerfs; un tel Etre enfin
ne montre-t-il pas clairement qu'il fent
fes torts & les nôtres; qu'il connoît
le bien & le mal & en un mot a confcience de ce qu'il fait? Son Ame qui
marque comme la nôtre, les mèmes
joies, les mèmes mortifications, les mèmes déconcertemens, feroit-elle fans
aucune répugnance, à la vuë de fon
femblable déchiré, ou après l'avoir lui-
mème impitoyablement mis en pièces?
Cela pofé, le don précieux dont il
s'agit, n'auroit point été refufé aux
Animaux; car puifqu'ils nous offrent
des Signes évidens de leur repentir,
comme de leur intelligence, qu'y a-t-il
d'abfurde à penfer que des Etres, des

Ma-

Machines presque auſſi parfaites que
nous, ſoient comme nous, faites pour
penſer, & pour ſentir la Nature?

Qu'on ne m'objecte point que les
Animaux ſont pour la plûpart des Etres
féroces, qui ne ſont pas capable de
ſentir les maux qu'ils font; car tous les
Hommes diſtinguent-ils mieux les vices & les vertus? Il eſt dans notre Eſpèce de la férocité, comme dans la
leur. Les Hommes qui ſont dans la
barbare habitude d'enfreindre la Loi
Naturelle, n'en ſont pas ſi tourmentés,
que ceux qui la transgreſſent pour la
première fois, & que la force de l'exemple n'a point endurcis. Il en eſt
de même des Animaux, comme des
Hommes; Les uns & les autres peuvent être plus ou moins féroces par
tempérament, & ils le deviennent encore plus avec ceux qui le ſont. Mais
un Animal doux, pacifique, qui vit
avec d'autres Animaux ſemblables, &
d'alimens doux, ſera ennemi du ſang
& du carnage, il rougira intérieure-
ment de l'avoir verſé; avec cette différence peut-être que comme chez eux
tout eſt immolé aux beſoins, aux plaiſirs, & aux commodités de la vie, dont
ils

ils jouïffent plus que nous, leurs remords ne femblent pas devoir être fi vifs que les nôtres, parceque nous ne fommes pas dans la même néceffité qu'eux. La coutume émouffe & peut-être étouffe les remords, comme les plaifirs.

MAIS je veux pour un moment fuppofer que je me trompe, & qu'il n'eft pas jufte que presque tout l'Univers ait tort à ce fujet, tandis que j'aurois feul raifon ; j'accorde que les Animaux, même les plus excellens, ne connoiffent pas la diftinction du bien & du mal moral, qu'ils n'ont aucune mémoire des attentions qu'on a euës pour eux, du bien qu'on leur a fait, aucun fentiment de leurs propres vertus; que ce Lion, par exemple, dont j'ai parlé après tant d'autres, ne fe fouvienne pas de n'avoir pas voulu ravir la vie à cet Homme qui fut livré à fa furie, dans un Spectacle plus inhumain que tous les Lions, les Tigres & les Ours ; tandis que nos Compatriotes fe battent, Suiffes contre Suiffes, Frères contre Frères, fe reconnoiffent, s'enchaînent, ou fe tuënt fans remords, parcequ'un Prince paie leurs meurtres:

C 3   je

je suppofe enfin que la Loi naturelle
n'ait pas été donnée aux Animaux,
qu'elles en feront les conféquences?
L'Homme n'eft pas pétri d'un Limon
plus précieux; la Nature n'a emploié
qu'une feul & même pâte, dont elle a
feulement varié les levains. Si donc
l'Animal ne fe repent pas d'avoir violé
le fentiment intérieur dont je parle,
ou plutôt s'il en eft abfolument privé,
il faut néceffairement que l'Homme
foit dans le même cas: moiennant quoi
Adieu la Loi naturelle & tous ces beaux
Traités qu'on a publiés fur elle! Tout
le Regne Animal en feroit généralement dépourvû. Mais réciproquement fi l'Homme ne peut fe difpenfer
de convenir qu'il diftingue toujours,
lorfque la fanté le laiffe jouïr de lui-
même, ceux qui ont de la probité; de
l'humanité, de la vertu, de ceux qui
ne font ni humains, ni vertueux, ni
honnêtes gens; qu'il eft facile de diftinguer ce qui eft vice, ou vertu, par
l'unique plaifir, ou la propre répugnance qui en font comme les effets naturels,
il s'enfuit que les Animaux formés de
la même matière, à laquelle il n'a peut-
être manqué qu'un dégré de fermentation,

tation, pour egaler les Hommes en tout, doivent participer aux mèmes prérogatives de l'Animalité, & qu'ainsi il n'est point d'Ame, ou de substance sensitive, sans remords. La Réflexion suivante va fortifier celles ci.

ON ne peut détruire la Loi naturelle. L'Empreinte en est si forte dans tous les Animaux, que je ne doute nullement que les plus Sauvages & les plus féroces n'aient quelques momens de repentir. Je crois que la fille sauvage de Châlon en Champagne aura porté la peine de son crime, s'il est vrai qu'elle ait mangé sa sœur. Je pense la même chose de tous ceux qui commettent des crimes, mêmes involontaires, ou de tempérament: de Gaston d'Orléans qui ne pouvoit s'empecher de voler; de certaine femme qui fut sujette au même vice dans la grossesse, & dont ses enfans hériterent: de celle qui dans le même état, mengea son mari; de cette autre qui egorgeoit les enfans, saloit leurs corps, & en mangeoit tous les jours comme du petit salé: de cette fille de Voleur Antropophage, qui la devint à 12 ans, quoiqu'aiant perdu Père & Mère à l'a-

C 4   ge

ge d'un an, elle eut été elevée par
d'honnêtes Gens, pour ne rien dire de
tant d'autres exemples dont nos obfervateurs font remplis; & qui prouvent
tous qu'il eft mille vices & vertus Héré-
ditaires, qui paffent des parens aux enfans, comme ceux de la Nourice, à
ceux qu'elle allaite. Je dis donc &
j'accorde que ces malheureux ne fen-
tent pas pour la plupart fur le champ
l'énormité de leur action. La *Bouly-
mie*, par exemple, ou la faim canine
peut éteindre tout fentiment; c'eft
une manie d'eftomac qu'on eft forcé
de fatisfaire. Mais revenuës à elles-
mêmes, & comme défenivrées, quels
remords pour ces femmes qui fe rap-
pellent le meurtre qu'elles ont commis
dans ce qu'elles avoient de plus cher!
qu'elle punition d'un mal involontaire,
auquel elles n'ont pu réfifter, dont elles n'ont eu aucune confcience! cependant ce n'eft point affez apparem-
ment pour les juges. Parmi les femmes dont je parle, l'une fut rouée, &
brulée, l'autre enterrée vive. Je fens
tout ce que demande l'intérêt de la
focieté. Mais il feroit fans doute à
fouhaiter qu'il n'y eut pour juges, que
d'excel-

d'excellens Medecins. Eux feuls pour-roient diftinguer le criminel innocent, du coupable. Si la raifon eft efclave d'un fens dépravé, ou en fureur, com-ment peut elle le gouverner?

MAIS fi le crime porte avec foi fa propre punition plus ou moins cru-elle; fi la plus longue & la plus bar-bare habitude ne peut tout à-fait arra-cher le repentir des cœurs les plus in-humains; s'ils font déchirés par la mé-moire même de leurs actions, pourquoi effraier l'imagination des efprits foibles par un Enfer, par des fpectres, & des précipices de feu, moins réels encore que ceux de Pafcal *? Qu'eft-il befoin

de

* Dans un cercle, ou à table, il lui falloit toujours un rempart de Chaifes, ou quelqu'un dans fon voifinage du coté gauche, pour l'empêcher de voir des Abimes épouvantables dans lesquels il craignoit quelquefois de tomber, quel-que connoiffance qu'il eut de ces illu-fions. Quel effraiant effet de l'imagi-nation, ou d'une fingulière circulation dans un Lobe du cerveau! Grand Hom-me d'un coté, il ètoit à moitié fou de

C 5

l'aude recourir à des fables, comme un Pape de bonne foi l'a dit lui-mème, pour tourmenter les malheureux mèmes qu'on fait perir, parce qu'on he les trouve pas aſſez punis par leur propre conſcience, qui eſt leur premier Bour- reau? Ce n'eſt pas que je veüille dire que tous les criminels ſoient injuſtement punis; je prétens ſeulement que ceux dont la volonté eſt dépravée, & la con- ſcience éteinte, le ſont aſſez par leurs remords, quand ils reviennent à eux- mèmes; remords, j'oſe encore le dire, dont la Nature auroit dû en ce cas, ce me ſemble, délivrer des malheureux entrainés par une fatale néceſſité.

Les Criminels, les Méchans, les Ingrats, ceux enfin qui ne ſentent pas la Nature, Tyrans malheureux & indi- gnes du jour, ont beau ſe faire un cru- el plaiſir de leur Barbarie, il eſt des momens calmes & de réfléxion, où la
Con-

l'autre. La folie & la ſageſſe avoient chacun leur département, ou leur Lobe, ſéparé par la faux. De quel coté te- noit-il ſi fort à Mrs. de Port-Roial? J'ai lu ce fait dans un extrait du traité du vertige de Mr. de la Mettrie.

Conscience vengeresse s'élève, dépose contr'eux, & les condamne à être presque sans cesse déchirés de ses propres mains. Qui tourmente les Hommes, est tourmenté par lui-même; & les maux qu'il sentira, seront la juste mesure de ceux qu'il aura faits.

D'UN autre côté, il y a tant de plaisir à faire du bien, à sentir, à reconnoître celui qu'on reçoit, tant de contentement à pratiquer la vertu, à être doux, humain, tendre, charitable, compatissant & généreux (ce seul mot renferme toutes les vertus,) que je tiens pour assez puni, quiconque a le malheur de n'être pas né Vertueux,

NOUS n'avons pas originairement été faits pour être Savans; c'est peut-être par une espèce d'abus de nos facultés organiques, que nous le sommes devenus; & cela à la charge de l'Etat, qui nourrit une multitude de Fainéans, que la vanité a decorés du nom de *Philosophes*. La Nature nous a tous créés uniquement pour être heureux; ouï tous, depuis le Ver qui rampe, jusqu'à l'Aigle qui se perd dans la Nuë. C'est pourquoi elle a donné à tous les Animaux quelque portion de la Loi

C 6   na-

naturelle, portion plus ou moins exqui-
se selon que le comportent les Organes
bien conditionnés de chaque Animal.

APRE'SENT comment définirons
nous la Loi naturelle? C'eſt un ſentiment, qui nous aprend ce que nous
ne devons pas faire, par ce que ne vou-
drions pas qu'on nous le fît. Oſerois-
je ajouter à cette idée commune, qu'il
me ſemble que ce ſentiment n'eſt qu'u-
ne eſpèce de crainte, ou de fraieur;
auſſi ſalutaire à l'eſpèce, qu'a l'individu; car peut-être ne reſpectons nous
la bourſe & la vie des autres, que pour
nous conſerver nos biens, notre honneur & nous mèmes; ſemblables à ces
Ixions du Chriſtianiſme qui n'aiment
Dieu & n'embraſſent tant de chimé-
riques vertus, que parcequ'ils craignent
l'Enfer.

VOUS voiez que la Loi naturelle
n'eſt qu'un ſentiment intime, qui ap-
partient encore à l'imagination, comme
tous les autres, parmi lesquels on compte la penſée. Par conſequent elle ne
ſupoſe évidemment ni éducation, ni révélation, ni Légiſlateur, à moins qu'on
ne veüille la confondre avec les Loix
civiles, à la manière ridicule des Théologiens.   LES

LES armes du Fanatisme peuvent détruire ceux qui soutiennent ces vérités ; mais elles ne détruiront jamais ces vérités mêmes.

CE n'est pas que je révoque en doute l'existence d'un Etre suprème ; il me semble au contraire que le plus grand degré de Probabilité est pour elle : mais comme cette existence ne prouve pas plus la nécessité d'un culte, que toute autre, c'est une vérité théorique, qui n'est guère d'usage dans la Pratique : de forte que, comme on peut dire d'après tant d'expériences, que la Réligion ne suppose pas l'exacte probité, les mèmes raisons autorisent à penser que l'Athéisme ne l'exclut pas.

QUI sait d'ailleurs si la raison de l'Existence de l'Homme, ne seroit pas dans son existence mème ? peut-être a-t-il été jetté au hazard sur un point de la surface de la Terre, sans qu'on puisse savoir ni comment, ni pourquoi ; mais seulement qu'il doit vivre & mourir ; semblable à ces champignons, qui paroissent d'un jour à l'autre, ou à ces fleurs qui bordent les fossés & couvrent les murailles.

NE nous perdons point dans l'in-
C 7   fini,

fini, nous ne fommes pas faits pour en avoir la moindre idée; il nous eft abfolument impoffible de remonter à l'origine des chofes. Il eft égal d'ailleurs pour notre repos, que la matière foit éternelle, ou qu'elle ait été créée; qu'il y ait un Dieu, ou qu'il n'y en ait pas. Quelle folie de tant fe tourmenter pour ce qu'il eft impoffible de connoître, & ce qui ne nous rendroit pas plus heureux, quand nous en viendrions à bout.

MAIS, dit-on, lifez tous les ouvrages des Fénelons, des Nieuventits, des Abadies, des Derhams, des Raïs &c. eh bien! que m'apprendront-ils? ou plutôt que m'ont-ils appris? ce ne font que d'ennuieufes répétitions d'Ecrivains zèlés, dont l'un n'ajoute à l'autre qu'un verbiage, plus propre à fortifier, qu'à faper les fondemens de l'Athéifme. Le volume des preuves qu'on tire du fpectacle de la nature, ne leur donne pas plus de force. La ftructure feule d'un doit, d'une oreille, d'un œil, *une obfervation de Malpighi,* prouve tout, & fans doute beaucoup mieux que *Defcartes & Mallébranche;* ou tout le refte ne prouve rien. Les Déiftes,

&

& les Chrétiens mèmes devroient donc se contenter de faire observer que dans tout le Regne Animal, les mèmes vües sont exécutées par une infinité de divers moiens tous cependant exactement géométriques. Car de quelles plus fortes Armes pourroit on terrasser les Athées? Il est vrai que si ma raison ne me trompe pas, l'Homme & tout l'Univers semblent avoir été destinés à cette unité de vües. Le Soleil, l'Air, l'Eau, l'Organisation, la forme des corps, tout est arrangé dans l'œil, comme dans un miroir qui présente fidelement à l'imagination les objets qui y sont peints, suivant les loix qu'exige cette infinie variété de corps qui servent à la vision. Dans l'oreille, nous trouvons par tout une diversité frappante, sans que cette diverse fabrique de l'Homme, des Animaux, des Oiseaux, des Poissons, produise differens usages. Toutes les oreilles sont si mathématiquement faites, qu'elle tendent également au seul & mème but, qui est d'entendre. Le Hazard, demande le Déiste, seroit-il donc assez grand Géometre, pour varier ainsi à son gré les ouvrages dont on le suppose Auteur,

sans

sans que tant de diversité pût l'empêcher d'atteindre la même fin. Il objecte encore ces parties evidemment
contenües dans l'Animal pour de fu-
turs usages; le Papillon dans la Chenille; l'Homme dans le Ver spermati-
que, un Polype entier dans chacune de
ses parties, la valvule du trou ovale,
le poumon dans le fetus, les dens dans
leurs Alvéoles, les os dans les fluides,
qui s'en détachent & se durcissent d'u-
ne manière incomhréhensible. Et comme les Partisans de ce système, loin
de rien négliger pour le faire valoir,
ne se lassent jamais d'accumuler preuves
sur preuves, ils veulent profiter de tout,
& de la foiblesse même de l'Esprit en
certains cas. Voiez, disent-ils, les Spi-
nosa, les Vanini, les Desbarreaux, les
Boindins, Apôtres qui font plus d'honneur, que de tort au Déisme! la durée
de la santé de ces derniers a été la mesure de leur incrédulité: & il est rare
en effet, ajoutent-ils, qu'on n'abjure
pas l'Athéisme, dès que les passions se
sont affoiblies avec le corps qui en est
l'instrument.

    VOILA certainement tout ce qu'on
peut dire de plus favorable à l'existence
d'un

d'un Dieu, quoique le dernier argument foit frivole, en ce que ces converfions font courtes, l'Efprit reprenant presque toujours fes anciennes opinions, & fe conduifant en conféquence, dès qu'il a recouvert ou plutôt retrouvé fes forces dans celles du corps. En voila du moins beaucoup plus que n'en dit le Medecin *Diderot* dans fes *Penfées Philofophiques*, fublime ouvrage qui ne convaincra pas un Athée. Que repondre en effet à un Homme qui dit?
„ nous ne connoiffons point la Nature:
„ Des caufes cachées dans fon fein pour-
„ roient avoir tout produit. Voiés à
„ votre tour le Polype de Trembley !
„ ne contient-il pas en foi les caufes
„ qui donnent lieu à fa régénération?
„ quelle abfurdité y auroit-il donc à
„ penfer qu'il eft des caufes phyfiques
„ pour lesquelles tout a été fait, & aux-
„ quelles toute la chaîne de ce vafte
„ Univers eft fi néceffairement liée & af-
„ fujettie, que rien de ce qui arrive,
„ ne pouvoit pas ne pas arriver ; des
„ caufes dont l'ignorance abfolument
„ invincible nous a fait recourir à un
„ Dieu, qui n'eft pas même un *être*
„ *de Raifon*, fuivant certains ? Ainfi
                                    „ détrui-

„ détruire le Hazard, ce n'est pas prou-
„ ver l'existence d'un Etre suprème,
„ puisqu'il peut y avoir autre chose qui
„ ne seroit ni Hazard, ni Dieu, je veux
„ dire la Nature, dont l'etude par con-
„ sequent ne peut faire que des incré-
„ dules; comme le prouve la façon
„ de penser de tous ses plus heureux
„ scrutateurs.

LE *poids de l'Univers* n'ébranle
donc pas un véritable Athée, loin de
l'écraser; & tous ces indices mille &
mille fois rabattus d'un Créateur, indices qu'on met fort au-dessus de la façon de penser dans nos semblables, ne
sont évidens, quelque loin qu'on pousse cet argument, que pour les Antipir-
rhoniens, ou pour ceux qui ont assés
de confiance dans leur raison, pour
croire pouvoir juger sur certaines appa-
rences, auxquelles, comme vous voiés,
les Athées, peuvent en opposer d'autres peut-être aussi fortes & absolument
contraires. Car si nous écoutons encore les Naturalistes; ils nous diront que
les mêmes causes qui dans les mains d'un
Chimiste & par le Hazard de divers
mélanges, ont fait le premier miroir,
dans celles de la Nature ont fait l'eau
pure,

pure, qui en fert à la fimple Bergère:
que le mouvement qui conferve le monde, a pu le créer; que chaque corps
a pris la place que fa Nature lui a affi-
gnée; que l'air a dû entourer la terre,
par la même raifon que le fer & les autres Métaux font l'ouvrage de fes en-
traillés; que le Soleil eft une production
auffi naturelle, que celle de l'Electri-
cité; qu'il n'a pas plus été fait pour
échaufer la Terre, & tous fes Habitans,
qu'il brule quelquesfois, que la pluie
pour faire poufler les grains, qu'elle
gâte fouvent; que le miroir & l'eau
n'ont pas plus été faits pour qu'on pût
s'y regarder, que tous les corps polis
qui ont la même propriété: que l'œil eft
à la vérité une efpèce de trumeau dans
lequel l'Ame peut contempler l'image
des objets, tels qu'ils lui font represen-
tés par ces corps: mais qu'il n'eft pas
démontré que cet organe ait été réelle-
ment fait exprès pour cette contempla-
tion, ni exprès placé dans l'orbite;
qu'enfin il fe pourroit bien faire que
Lucréce, le Medecin Lamy & tous les
Epicuriens Anciens & Modernes, euffent raifon, lorsqu'ils avancent que l'œil
ne voit que par ce qu'il fe trouve organifé

nifé, & placé comme il l'eft, que pofées une fois les mêmes regles de mouvement que fuit la Nature dans la génération & le développement des corps,
il n'étoit pas poffible que ce merveilleux organe fut organifé & placé autrement.

Tel eft le pour & le contre, &
l'abregé des grandes raifons qui parta-
geront eternellement les Philofophes.
Je ne prens aucun parti.

Non noftrum inter vos tantas com-
ponere lites.

C'eft ce que je difois à un François de
mes amis, auffi franc Pirrhonien que
moi, Homme de beaucoup de mérite,
& digne d'un meilleur fort. Il me fit
à ce fujet une réponfe fort fingulière.
Il eft vrai, me dit-il, que le pour & le
contre ne doit point inquieter l'Ame
d'un Philofophe, qui voit que rien n'eft
démontré avec affez de clarté pour forcer fon confentement, & même que les
idées indicatives qui s'offrent d'un coté,
font auffitôt détruites par celles qui fe
montrent de l'autre. Cependant, re-
prit-il, l'Univers ne fera jamais Heureux

reux, à moins qu'il ne soit Athée.
Voici quelles étoit les raison de cet *Abo-
minable* Homme. Si l'Athéisme, disoit-
il, étoit généralement répandu, toutes
les branches de la Réligion seroient alors
détruites & coupées par la racine. Plus
de guerres théologiques; plus de soldats de Religion; soldats terribles! la
Nature infectée d'un poison sacré, re-
prendroit ses droits & sa pureté. Sourds
à toute autre voix, les Mortels tranquil-
les ne suivroient que les conseils spon-
tanés de leur propre individu; les seuls
qu'on ne méprise point impunément &
qui peuvent seuls nous conduire au
bonheur par les agréables sentiers de
la Vertu.

TELLE est la Loi naturelle; quiconque en est rigide observateur, est
honnête Homme, & mérite la confiance
de tout le genre humain. Quiconque
ne la suit pas scrupuleusement, a beau
affecter les spécieux dehors d'une autre
Réligion, est un Fourbe, ou un Hip-
pocrite dont je me défie.

APRE's cela qu'un vain Peuple pense différemment; qu'il ose affirmer qu'il
y va de la probité même, à ne pas croire la Révélation; qu'il faut en un mot

une

une autre Réligion, que celle de la Nature, quelle quelle soit! quelle misère! quelle pitié! & la bonne opinion que chacun nous donne de celle qu'il a embraſſé! Nous ne briguons point ici le ſuffrage du vulgaire. Qui dreſſe dans ſon cœur des Autels à la ſuperſtition, eſt né pour adorer des Idoles, & non pour ſentir la Vertu.

MAIS puisque toutes les facultés de l'Ame dépendent tellement de la propre Organiſation du Cerveau & de tout le Corps, qu'elle ne ſont viſiblement que cette organiſation même: Voilà une Machine bien éclairée! car enfin quand l'Homme ſeul auroit reçu en partage la Loi naturelle, en ſeroit-il moins une Machine? Des Roües, quelques reſſorts de plus que dans les Animaux les plus parfaits, le cerveau proportionnellement plus proche du cœur, & recevant auſſi plus de ſang, la même raiſon donnée; que ſais-je enfin? des cauſes inconnües produiroient toujours cette conſcience délicate, ſi facile à bleſſer, ces remords qui ne ſont pas plus étranger à la matière, que la penſée, & en un mot toute la différence qu'on ſuppoſe ici. L'organiſation ſuffiroit-elle donc a tout? oüi,

oüi, encore une fois : Puisque la penfée fe développe vifiblement avec les
organes, pourquoi la matière dont ils
font faits, ne feroit-elle pas auffi fufcep-
tible de Remords, quand une fois elle a
acquis avec le tems la faculté de fentir.

L'Ame n'eft donc qu'un vain terme
dont on n'a point d'Idée, & donc un
bon Efprit ne doit fe fervir que pour
nommer la partie qui penfe en nous.
Pofé le moindre principe de mouvement,
les corps animés auront tout ce qui leur
faut pour fe mouvoir, fentir, penfer,
fe repentir, & fe conduire en un mot
dans le Phyfique, & dans le Moral qui
en dépend.

Nous ne fuppofons rien; ceux
qui croiroient que toutes les difficultés
ne feroient pas encore levées, vont
trouver des expériences, qui acheveront
de les fatisfaire.

1. Toutes les chairs des Animaux
palpitent après la mort, d'autant plus
long-tems, que l'Animal eft plus froid
& tranfpire moins. Les Tortuës, les
Lézards, les Serpens &c. en font foi.

2. Les muscles féparés du corps, fe
retirent, lorfqu'on les pique.

3. Les entrailles confervent long-tems
leur

leur mouvement périſtaltique, ou ver-
miculaire.

4. UNE ſimple injection d'eau chaude ranime le cœur & les muſcles, ſuivant Cowper.

5. LE cœur de la Grénoüille, ſur
tout expoſé au Soleil, encore mieux ſur
une table, ou une aſſiette chaude, ſe
remüe pendant une heüre & plus, après
avoir été arraché du corps. Le mouvement ſemble-t-il perdu ſans reſſource?
il n'y a qu'à piquer le cœur, & ce muſ-
cle creux bat encore. Harvey a fait la
même obſervation ſur les Crapaux.

6. BACON de Verulam, dans ſon
Traité *Sylva-Sylvarum*, parle d'un Homme convaincu de trahiſon, qu'on ouvrit
vivant, & dont le cœur jetté dans l'eau
chaude ſauta à pluſieurs repriſes, toujours moins haut, à la diſtance perpen-
diculaire de 2 piés.

7. PRENEZ un petit poulet encore
dans l'œuf; arrachez lui le cœur; vous
obſerverez les mèmes Phénomènes, avec
à peu près les mèmes circonſtances.
La ſeule chaleur de l'haleine ranime un
Animal prêt à périr dans la Machine
Pneumatique.

LES mèmes Expériences que nous
devons

devons à Boyle & à Sténon, se font
dans les Pigeons, dans les Chiens, dans
les Lapins, dont les morceaux de Cœur
se remüent, comme les Cœurs entiers.
On voit le même mouvement dans les
pates de Taupe arrachées.

8. La Chenille, les Vers, l'Araignée,
la Mouche, l'Anguille offrent les mêmes choses à considerer; & le mouvement des parties coupées augmente dans
l'eau chaude, à cause du feu qu'elle
contient.

9. Un Soldat yvre emporta d'un
coup de sabre la tête d'un Coq d'Inde.
Cet Animal resta debout, ensuite il mar-
cha, courut; venant à rencontrer une
muraille, il se tourna, battit des ailes,
en continuant de courir, & tomba enfin.
Etendu par terre, tous les muscles de
ce Coq se remuoient encore. Voilà ce
que j'ai vu, & il est facile de voir à peu
près ces phénomènes dans les petits
chats, ou chiens, dont on a coupé la
tête.

10. Les Polypes font plus que de
se mouvoir, après la Section; ils se re-
produisent dans huit jours en autant
d'Animaux, qu'il y a de parties coupées.
J'en suis faché pour le système des Na-

D   tura-

turalistes sur la génération, ou plutôt j'en suis bien aisé ; car que cette découverte nous apprend bien à ne jamais rien conclure de général, même de toutes les Expériences connües, & les plus décisives !

Voila beaucoup plus de faits qu'il n'en faut, pour prouver d'une manière incontestable que chaque petite fibre, ou partie des corps organisés, se meut par un principe qui lui est propre, & dont l'Action ne dépend point des nerfs, comme les mouvemens volontaires ; puisque les mouvemens en question s'exercent, sans que les parties qui les manifestent, aient aucun commerce avec la circulation. Or si cette force se fait remarquer jusques dans des morceaux de fibres, le cœur, qui est un composé de fibres singulièrement entrelacées, doit avoir la même proprieté. L'Histoire de Bacon n'étoit pas nécessaire pour me le persuader. Il m'étoit facile d'en juger, & par la parfaite Analogie de la structure du Cœur de l'Homme & des Animaux ; & par la masse même du premier, dans laquelle ce mouvement ne se cache aux yeux, que parce qu'il y est étoufé ; & enfin parce que

tout

tout eſt froid & affaiſſé dans les cadavres. Si les diſſections ſe faiſoient ſur des Criminels ſuppliciés, dont les corps ſont encore chauds, on verroit dans leur cœur les mèmes mouvemens, qu'on obſerve dans les muscles du viſage des gens décapités.

TEL eſt ce principe moteur des Corps entiers, ou des parties coupées en morceaux, qu'il produit des mouvemens non déréglés, comme on l'a cru, mais très réguliers, & cela, tant dans les Animaux chauds & parfaits, que dans ceux qui ſont froids & imparfaits. Il ne reſte donc aucune reſſource à nos Adverſaires, ſi ce n'eſt que de nier mille & mille faits que chacun peut facilement vérifier.

SI on me demande à préſent quel eſt le ſiége de cette force innée dans nos corps; je répons qu'elle réſide très clairement dans ce que les Anciens ont appellé *Parenchyme;* c'eſt à dire dans la ſubſtance propre des parties, abſtraction faite des Veines, des Artères, des Nerfs, en un mot de l'Organiſation de tout le corps; & que par conſéquent chaque partie contient en ſoi des reſſorts plus ou moins vifs, ſelon le beſoin qu'elles en avoient.   D 2   EN-

Entrons dans quelque détail de ces ressorts de la Machine humaine. Tous les mouvemens vitaux, animaux, naturels, & automatiques se font par leur action. N'est-ce pas machinalement que le corps se retire, frappé de terreur à l'aspect d'un précipice inattendu? que les paupières se baissent à la menace d'un coup, comme on l'a dit? que la *Pupille* s'étrécit au grand jour pour conserver la Rétine, & s'élargit pour voir les objets dans l'obscurité? n'est-ce pas machinalement que les pores de la peau se ferment en Hyver, pour que le froid ne pénètre pas l'intérieur des vaisseaux? que l'estomac se soulève, irrité par le poison, par une certaine quantité d'Opium, par tous les Emétiques &c.? que le Cœur, les Artères, les Muscles se contractent pendant le sommeil, comme pendant la veille? que le Poumon fait l'office d'un souflet continuellement exercé? n'est-ce pas machinalement qu'agissent tous les Sphincters de la Vessie, du *Rectum* &c.? que le Cœur a une contraction plus forte que tout autre muscle? que les muscles érecteurs font dresser la Verge dans l'Homme, comme dans les Animaux

qui

qui s'en battent le ventre, & même dans
l'Enfant, capable d'erection, pour peu
que cette partie soit irrité? Ce qui
prouve pour le dire en passant, qu'il est
un ressort singulier dans ce membre,
encore peu connu, & qui produit des
effets qu'on n'a point encore bien ex-
pliqués, malgré toutes les lumières de
l'Anatomie.

JE ne m'etendrai pas davantage sur
tous ces petits ressorts subalternes con-
nus de tout le monde. Mais il en est
un autre plus subtil, & plus merveilleux
qui les anime tous; il est la source de
tous nos sentimens, de tous nos plaisirs,
de toutes nos passions, de toutes nos
pensées; car le Cerveau a ses muscles
pour penser, comme les jambes pour
marcher. Je veux parler de ce principe incitant, & impétueux, qu'Hippocrate appelle ενορμων (l'Ame). Ce principe existe, & il a son siége dans le cerveau à l'origine des nerfs, par lesquels
il exerce son empire sur tout le reste du
corps. Par là s'explique tout ce qui
peut s'expliquer, jusqu'aux effets surpre-
nans des maladies de l'imagination.

MAIS pour ne pas languir dans une
richesse & une fécondité mal entendüe,

il

il faut fe borner à un petit nombre de queftions & de reflexions.

POURQUOI la vüe, ou la fimple idée d'une belle femme nous caufe-t-elle des mouvemens & des defirs finguliers? Ce qui fe paffe alors dans certains organes, vient-il de la nature même de ces organes? Point du tout; mais du commerce & de l'efpèce de fympathie de ces muscles avec l'imagination. Il n'y a ici qu'un premier reffort excité par le *bene placitum* des Anciens, ou par l'image de la beauté, qui en excite un autre, lequel étoit fort affoupi, quand l'imagination l'a éveillé: & comment cela, fi ce n'eft par le defordre & le tumulte du Sang & des Efprits, qui galopent avec une promptitude extraordinaire, & vont gonfler les Corps caverneux?

PUISQU'IL eft des communications évidentes entre la Mère & l'Enfant *, & qu'il eft dur de nier des faits rapportés par Tulpius & par d'autres Ecrivains auffi dignes de foi, (il n'y en a point qui le foient plus,) nous croirons que c'eft par la même voie que le fétus reffent

* *Au moins par les vaiffeaux. Eftil fûr qu'il n'y en a point par les nerfs?*

fent l'impétuofité de l'imagination ma-
ternelle, comme une cire molle reçoit
toutes fortes d'impreffions ; & que les
mêmes traces, ou Envies de la Mère, peuvent s'imprimer fur le fétus, fans que
cela puiffe fe comprendre, quoiqu'en di-
fent Blondel & tous fes adhérens. Ainfi
nous faifons reparation d'honneur au P.
Mallebranche, beaucoup trop raillé de fa
crédulité par des Auteurs qui n'ont point
obfervé d'affez près la Nature, & ont
voulu l'affujettir à leurs idées.

VOIEZ le Portrait de ce fameux Pope, au moins le Voltaire des Anglois.
Les Efforts, les Nerfs de fon *Génie* font
peints fur fa Phyfionomie ; Elle eft toute en convulfion ; fes yeux fortent de
l'Orbite, fes fourcils s'élèvent avec les
mufcles du Front. Pourquoi ? c'eft que
l'origine des Nerfs eft en travail & que
tout le corps doit fe reffentir d'une
efpèce d'accouchement auffi laborieux.
S'il n'y avoit une corde interne qui tirât
ainfi celles du dehors, d'ou viendroient
tous ces phénomènes ? Admettre une
Ame, pour les expliquer, c'eft être réduit à l'*Operation du St. Efprit.*

EN effet fi ce qui penfe en mon Cerveau, n'eft pas une partie de ce Vifcère,

D 4   &

& conſequemment de tout le Corps, pourquoi lorſque tranſquille dans mon lit je forme le plan d'un Ouvrage, ou que je pourſuis un raiſonnement abſtrait, pourquoi mon ſang s'échaufe - t - il ? pourquoi la fièvre de mon Eſprit paſſe-t-elle dans mes Veines ? Demandez-le aux Hommes d'Imagination, aux grands Poëtes, à ceux qu'un ſentiment bien rendu ravit, qu'un goût exquis, que les charmes de la Nature, de la verité, ou de la vertu transportent ! Par leur Entouſiaſme, par ce qu'ils vous diront avoir éprouvé, vous jugerez de la cauſe par les effets : par cette *Harmonie* que Borelli, qu'un ſeul Anatomiſte a mieux connüe que tous les Leibnitiens, vous connoitrez l'Unité matérielle de l'Homme. Car enfin ſi la tenſion des nerfs qui fait la douleur, cauſe la fièvre, par laquelle l'Eſprit eſt troublé, & n'a plus de volonté ; & que réciproquement l'Eſprit trop exercé trouble le corps, & allume ce feu de conſomption qui a enlevé Bayle dans un âge ſi peu avancé ; ſi telle titillation me fait vouloir, me force de deſirer ardemment ce dont je ne me ſouciois nullement le moment d'auparavant ; ſi à leur tour certaines traces

du

du Cerveau excitent le même prurit &
les mêmes defirs, pourquoi faire double,
qui n'eſt evidemment qu'un? C'eſt en
vain qu'on ſe récrie ſur l'Empire de la
Volonté. Pour un ordre qu'elle donne,
elle ſubit cent fois le joug. Et quelle
Merveille que le corps obéiſſe dans l'état
ſain, puiſqu'un torrent de ſang, & d'Eſprits vient l'y forcer; la volonté aiant
pour Miniſtres une légion inviſible de
fluides plus vifs que l'Eclair, & toujours
prêts à la ſervir! Mais comme c'eſt par
les Nerfs que ſon pouvoir s'exerce; c'eſt
auſſi par eux qu'il eſt arrêté. La meilleure volonté d'un Amant épuiſé, les
plus violens defirs lui rendront-ils ſa vigueur perdüe? Hélas! non; & elle en
ſera la première punie, parceque, poſées
certaines circonſtances, il n'eſt pas dans
ſa puiſſance de ne pas vouloir du plaiſir.
Ce que j'ai dit de la Paralyſie &c. re-
vient ici.

LA Jauniſſe vous ſurprend! ne ſavez
vous pas que la couleur des corps dépend de celle des verres au travers deſ-
quels on les regarde! Ignorez vous que
telle eſt la teinte des humeurs, telle eſt
celle des objets, au moins par rapport
à nous, vains Joüets de mille illuſions.

D 5   Mais

Mais ôtez cette teinte de l'humeur aqueu-
se de l'œil ; faites couler la Bile par son
tamis naturel ; alors l'Ame aiant d'autres
yeux, ne verra plus jaune.   N'est ce
pas encore ainsi qu'en abattant la Cata-
racte, ou en injettant le Canal d'Eusta-
chi, on rend la Vüe aux Aveugles, &
l'Ouïe aux Sourds.   Combien de gens
qui n'étoient peut-être que d'Habiles
Charlatans dans des siècles ignorans,
ont passé pour faire de grands Miracles!
La belle Ame & la puissante Volonté qui
ne peut agir, qu'autant que les disposi-
tions du corps le lui permettent, & dont
les goûts changent avec l'âge & la fièvre!
Faut-il donc s'étonner si les Philosophes
ont toujours eu en vüe la santé du corps,
pour conserver celle de l'Ame? si Py-
thagore a aussi soigneusement ordonné
la Diète, que Platon a défendu le vin?
Le Régime qui convient au corps, est
toujours celui par lequel les Medecins
sensés prétendent qu'on doit préluder,
lorsqu'il s'agit de former l'Esprit, de l'é-
lever à la connoissance de la verité & de
la vertu; vains sons dans le désordre des
Maladies & le tumulte des Sens! Sans les
Préceptes de l'Hygiène, Epictète, Socra-
te, Platon, &c. prechent en vain : toute

morale

morale eſt infructueuſe, pour qui n'a pas
la ſobrieté en partage : c'eſt la ſource de
toutes les Vertus, comme l'Intempéran-
ce, eſt celle de tous les Vices.

EN faut-il davantage, (& pourquoi
irois je me perdre dans l'Hiſtoire des
paſſions, qui toutes s'expliquent par
l'ενορμων d'Hippocrate) pour prouver que
l'Homme n'eſt qu'un Animal, ou un
Aſſemblage de reſſort, qui tous ſe mon-
tent les uns par les autres, ſans qu'on
puiſſe dire par quel point du cercle Humain la Nature a commencé? ſi ces
reſſorts diffèrent entr'eux, ce n'eſt donc
que par leur Siége & par quelques
degrés de force, & jamais par leur Nature; & par conſequent l'Ame n'eſt
qu'un principe de mouvement, ou une
Partie matérielle ſenſible du Cerveau,
qu'on peut, ſans craindre l'erreur, regarder comme un reſſort principal de
toute la Machine, qui a une influence
viſible ſur tous les autres, & même paroit avoir été fait le premier; en ſorte
que tous les autres n'en ſeroient qu'une
émanation, comme on le verra par
quelques Obſervations que je rapporte-
rai & qui ont été faites ſur divers Embryons.

CET-

CETTE oſcillation naturelle, ou propre à notre Machine, & dont eſt douée chaque fibre, &, pour ainſi dire, chaque Elément fibreux, ſemblable à celle d'une Pendule, ne peut toujours s'exercer. Il faut la renouveller, à meſure qu'elle ſe perd! lui donner des forces, quand elle languit; l'affoiblir, lorsqu'elle eſt opprimée par un excès de force & de vigueur. C'eſt en cela ſeul que la vraie Medecine conſiſte.

LE corps n'eſt qu'une horloge, dont le nouveau chyle eſt l'horloger. Le premier ſoin de la Nature, quand il entre dans le ſang, c'eſt d'y exciter une ſorte de fièvre, que les Chymiſtes qui ne rèvent que fourneaux, ont dû prendre pour une fermentation. Cette fièvre procure une plus grande filtration d'eſprits, qui machinalement vont animer les Muscles & le Cœur, comme s'ils y ètoient envoiés par ordre de la Volonté.

CE ſont donc les cauſes ou les forces de la vie, qui entretiennent ainſi durant 100 ans le mouvement perpétuel des ſolides & des fluides, auſſi néceſſaire aux uns, qu'aux autres. Mais qui peut dire ſi les ſolides contribuent à ce jeu,

plus

plus que les fluides, & *vice verfa*? Tout ce qu'on fait, c'eft que l'action des premiers feroit bientôt anéantie, fans le fecours des feconds. Ce font les liqueurs qui par leur choc éveillent & confervent l'elafticité des vaiffeaux, de laquelle dépend leur propre circulation. De-là vient qu'après la mort, le reffort naturel de chaque fubftance eft plus ou moins fort encore fuivant les reftes de la vie, auxquels il furvit, pour expirer le dernier. Tant il eft vrai que cette force des parties Animales peut bien fe conferver & s'augmenter par celle de la circulation, mais qu'elle n'en dépend point, puifqu'elle fe paffe même de l'intégrité de chaque Membre, ou Vifcère, comme on l'a vû.

JE n'ignore pas que cette opinion n'a pas été goutée de tous les favans, & que Staahl fur-tout l'a fort dédaigné. Ce grand Chymifte a voulu nous perfuader que l'Ame étoit la feule caufe de tous nos mouvemens. Mais c'eft parler en Fanatique, & non en Philofophe.

POUR détruire l'hypothèfe Staahlienne, il ne faut pas faire tant d'efforts que je vois qu'on en a faits avant moi.

Il

Il n'y a qu'à jetter les yeux fur un joüeur de violon.   Quelle foupleffe! Quelle agilité dans les doigts! les mouvemens font fi prompts, qu'il ne paroît
presque pas y avoir de fucceffion.   Or
je prie, ou plutôt je défie les Staahliens
de me dire, eux qui connoiffent fi bien
tout ce que peut notre Ame, comment
il feroit poffible qu'elle exécutât fi vite
tant de mouvemens, des mouvemens
qui fe paffent fi loin d'elle, & en tant
d'endroits divers.   C'eft fuppofer un
joüeur de flûte qui pourroit faire de
brillantes cadences fur une infinité de
trous qu'il ne connoitroit pas, & auxquels il ne pourroit feulement pas ap-
pliquer le doigt.

MAIS difons avec Mr. Hecquet qu'il
n'eft pas permis à tout le Monde d'aller à Corinthe.   Et pourquoi Staahl
n'auroit-il pas été encore plus favorifé
de la Nature en qualité d'Homme, qu'en
qualité de Chymifte & de Praticien? Il falloit (l'heureux Mortel!) qu'il eût reçu
une autre Ame que le refte des Hommes;
une Ame fouveraine, qui non contente
d'avoir quelque Empire fur les muscles
volontaires, tenoit fans peine les Rênes
de tous les mouvemens du Corps, pouvoit

voit les fufpendre, les calmer, ou les
exciter à fon gré : Avec une Maitreffe
auffi defpotique, dans les mains de laquelle étoient en quelque forte les battemens du Cœur & les loix de la Circulation, point de fiévre fans doute ;
point de douleur ; point de langueur ;
ni honteufe impuiffance, ni facheux
Priapisme. L'Ame veut, & les refforts
joüent, fe dreffent, ou fe débandent.
Comment ceux de la Machine de Staahl
fe font-ils fi tôt détraqués? Qui a chez
foi un fi grand Medecin, devroit être
immortel.

STAAHL au refte n'eft pas le feul
qui ait rejetté le principe d'Oscillation
des corps organifés. De plus grands
Efprits ne l'ont pas emploié, lorsqu'ils
ont voulu expliquer l'action du Cœur,
l'Erection du *Penis* &c. Il n'y a qu'à
lire les Inftitutions de Medecine de
Boerhaave, pour voir quels laborieux &
féduifans fyftêmes, faute d'admettre
une force auffi frappante dans tous les
corps, ce grand Homme a été obligé
d'enfanter à la fueur de fon puiffant
génie.

WILLIS & Perrault, Efprits d'une
plus foible trempe, mais Obfervateurs
affidus

affidus de la Nature, que le fameux
Profeffeur de Leyde n'a connüe que
par autrui, & n'a eüe, pour ainfi dire,
que de la feconde main, paroiffent avoir
mieux aimé fuppofer une Ame générale-
lement repandüe par tout le corps, que
le principe dont nous parlons. Mais
dans cette Hypothèfe qui fut celle de
Virgile & de tous les Epicuriens, Hypothèfe que l'Hiftoire du Polype fembleroit favorifer à la première vüe, les
mouvemens qui furvivent au fujet dans
lequel ils font inhérens, viennent d'un
refte d'Ame, que confervent encore les
parties qui fe contractent, fans être dé-
formais irritées par le Sang & les Efprits.
D'où l'on voit que ces Ecrivains dont les
ouvrages folides éclipfent aifément toutes les fables philofophiques, ne fe font
trompés que fur le Modèle de ceux qui
ont donné à la matière la faculté de penfer, je veux dire, pour s'être mal exprimés, en termes obfcurs, & qui ne
fignifie rien. En effet, qu'eft ce que ce
refte d'Ame, fi ce n'eft la force motrice
des Leibnitiens, mal rendüe par une telle
expreffion, & que cependant Perrault fur-
tout a véritablement entrevüe. V. fon
Traité de la Mécanique des Animaux.

A

A préfent qu'il eft clairement démontré contre les Cartéfiens, les Staahliens,
les Mallebranchiftes, & les Théologiens
peu dignes d'être ici placés, que la matière fe meut par elle-même, non feulement lorsqu'elle eft organifée, comme
dans un Cœur entier, par exemple, mais
lors même que cette organifation eft
détruite; la curiofité de l'Homme voudroit favoir comment un Corps, par cela même qu'il eft originairement doué
d'un foufle de Vie, fe trouve en conféquence orné de la Faculté de fentir, &
enfin par celle-ci de la Penfée. Et
pour en venir à bout, ô bon Dieu,
quels efforts n'ont pas faits certains Philofophes! & quel Galimathias j'ai eüe la
patience de lire à ce fujet!

TOUT ce que l'Expérience nous apprend, c'eft que tant que le mouvement
fubfifte, fi petit qu'il foit dans une ou
plufieurs fibres; il n'y a qu'à les piquer,
pour reveiller, animer ce mouvement
presque éteint, comme on l'a vû dans
cette foule d'Expériences dont j'ai voulu accabler les Syftêmes. Il eft donc
conftant que le mouvement & le fentiment s'excitent tour à tour, & dans les
Corps entiers, & dans les mêmes Corps,

dont

dont la ftructure eft détruite; pour ne
rien dire de certaines Plantes qui femblent nous offrir les mêmes phénomènes de la réunion du fentiment & du
mouvement.

MAIS de plus, combien d'excellens
Philofophes ont démontré que la penfée
n'eft qu'une faculté de fentir; & que
l'Ame raifonnable, n'eft que l'Ame fen-
fitive appliquée à contempler les idées,
& à raifonner: Ce qui feroit prouvé
par cela feul que lorsque le fentiment
eft éteint, la penfée l'eft auffi, comme
dans l'Apoplexie, la Léthargie, la Catalepfie &c. Car ceux qui ont avancé que
l'Ame n'avoit pas moins penfé dans les
maladies foporeufes, quoiqu'elle ne fe
fouvînt pas des idées qu'elle avoit eües,
ont foutenu une chofe ridicule.

POUR ce qui eft de ce développement,
c'eft une folie de perdre le tems à en
rechercher le mécanisme. La Nature
du mouvement nous eft auffi inconnüe
que celle de la matière. Le moien de
découvrir comment il s'y produit, à
moins que de reffufciter avec l'Auteur
de *l'Hiftoire de l'Ame* l'ancienne & inintelligible Doctrine des *formes fubftan-*
tielles! Je fuis donc tout auffi confolé
d'igno-

d'ignorer comment la Matière, d'inerte
& fimple, devient active & compofée
d'organes, que de ne pouvoir regarder
le Soleil fans verre rouge: Et je fuis
d'auffi bonne compofition fur les autres
Merveilles incompréhenfibles de la Nature, fur la production du Sentiment
& de la Penfée dans un Etre qui ne
paroiffoit autrefois à nos yeux bornés
qu'un peu de boüe.

Qu'on m'accorde feulement que la
Matière organifée eft douée d'un principe moteur, qui feul la différentie de
celle qui ne l'eft pas (eh! peut-on rien
refufer à l'Obfervation la plus inconte-
ftable?) & que tout dépend dans les
Animaux de la diverfité de cette Organifation, comme je l'ai affez prouvé;
c'en eft affez pour deviner l'Enigme des
fubftances & celle de l'Homme.   On
voit qu'il n'y en a qu'une dans l'Univers
& que l'Homme eft la plus parfaite,
Il eft au Singe, aux Animaux les plus
fpirituels, ce que la Pendule planétaire
de Huygens, eft à une Montre de Ju-
lien le Roi.   S'il a fallu plus d'inftru-
mens, plus de Roüages, plus de refforts
pour marquer les mouvemens des Pla-
nètes, que pour marquer les Heures,

ou

ou les repeter; s'il a fallu plus d'art à
Vaucanson pour faire son *Fluteur*, que
pour son *Canard*, il eût dû en emploier
encore davantage pour faire un *Parleur*;
Machine qui ne peut plus être regardée
comme impossible, sur-tout entre les
Mains d'un nouveau Prométhée. Il
étoit donc de même nécessaire que
la Nature emploiât plus d'Art & d'ap-
pareil pour faire & entretenir une Machine, qui pendant un siècle entier pût
marquer tous les battemens du cœur &
de l'Esprit; car si on n'en voit pas au
pous les heures; c'est du moins le Ba-
romètre de la chaleur & de la vivacité,
par laquelle on peut juger de la nature
de l'Ame. Je ne me trompe point, le
corps humain est une horloge, mais
immense, & construite avec tant d'Ar-
tifice & d'Habileté, que si la roüe qui
sert à marquer les secondes, vient à
s'arrêter; celle des minutes tourne &
va toujours son train; comme la roüe
des quarts continüe de se mouvoir; &
ainsi des autres, quand les premières,
roüillées, ou dérangées par quelque
cause que ce soit, ont interrompu leur
marche. Car n'est-ce pas ainsi que
l'Obstruction de quelques Vaisseaux
ne

ne suffit pas pour détruire, ou suspendre le fort des mouvemens, qui est dans le cœur, comme dans la Pièce ouvrière de la Machine; puisqu'au contraire les fluides dont le volume est diminué, aiant moins de chemin a faire, le parcourent d'autant plus vîte, emportés comme par un nouveau courant, que la force du cœur s'augmente, en raison de la resistance qu'il trouve à l'extrémité des vaisseaux? Lorsque le nerf optique seul comprimé ne laisse plus passer l'image des Objets, n'est-ce pas ainsi que la Privation de la Vüe n'empêche pas plus l'usage de l'Oüie, que la privation de ce sens, lorsque les fonctions de la *Portion molle* sont interdites, ne suppose celle de l'autre? n'est-ce pas ainsi encore que l'un entend, sans pouvoir dire qu'il entend, (si ce n'est après l'Attaque du mal) & que l'autre qui n'entend rien, mais dont les nerfs linguaux sont libres dans le cerveau, dit machinalement tous les rêves qui lui passent par la tête? Phénomènes qui ne surprennent point les Medecins éclairés. Ils savent à quoi s'en tenir sur la Nature de l'Homme : & pour le dire en passant; de deux Medecins, le meilleur,

leur, celui qui mérite le plus de confiance, c'est toujours, à mon avis, celui qui est le plus versé dans la physique, ou la mécanique du corps humain, & qui laissant l'Ame & toutes les inquietudes que cette chimère donne aux Sots & aux ignorans, n'est occupé sérieusement que du pur Naturalisme.

Laissons donc le pretendu Mr. Charp se mocquer des Philosophes qui ont regardé les Animaux, comme des Machines. Que je pense differemment! Je crois que Descartes seroit un Homme respectable à tous égards, si né dans un siècle qu'il n'eût pas dû éclairer, il eût connu le prix de l'Expérience & de l'Observation, & le danger de s'en écarter. Mais il n'est pas moins juste que je fasse ici une autentique réparation à ce grand Homme, pour tous ces petits Philosophes mauvais plaisans, & mauvais Singes de Locke, qui au lieu de rire impudemment au nés de Descartes, feroient mieux de sentir que sans lui le champ de la Philosophie, comme celui du bon Esprit sans Newton, seroit peut être encore en Friche.

Il est vrai que ce célèbre Philosophe s'est beaucoup trompé, & personne n'en dis-

disconvient. Mais enfin il a connu la
Nature Animale ; il a le premier parfaitement démontré que les Animaux
étoient de pures Machines. Or après
une découverte de cette importance &
qui suppose autant de sagacité, le moien
sans ingratitude, de ne pas faire grace à
toutes ses Erreurs !

ELLES sont à mes yeux toutes répa-
rées par ce grand aveu. Car enfin,
quoiqu'il chante sur la distinction des
deux substances ; il est visible que ce
n'est qu'un tour d'addresse, une ruse de
stile, pour faire avaler aux Théologiens
un poison caché à l'ombre d'une Analogie qui frappe tout le Monde, & qu'eux
seuls ne voient pas. Car c'est elle, c'est
cette forte Analogie qui force tous les
savans & les vrais juges d'avouer que ces
êtres fiers & vains, plus distingués par
leur orgueil, que par le nom d'Hommes, quelque envie qu'ils aient de s'éle-
ver, ne sont au fond que des Animaux
& des Machines perpendiculairement
rampantes. Elles ont toutes ce merveilleux Instinct, dont l'Education fait de
l'Esprit, & qui a toujours son siége dans
le Cerveau, & à son défaut, comme lorsqu'il manque, ou est ossifié, dans la Moëlle

ëlle allongée, & jamais dans le Cervelet;
car je l'ai vu confiderablement bleffé ;
d'autres * l'ont trouvé fchirreux, fans
que l'Ame ceffât de faire fes fonctions.

ETRE Machine, fentir, penfer, favoir
diftinguer le bien du mal, comme le
bleu du jaune, en un mot être né avec
de l'Intelligence, & un Inftinct fûr de
Morale, & n'être qu'un Animal, font
donc des chofes qui ne font pas plus
contradictoires, qu'être un Singe, ou un
Perroquet, & favoir fe donner du plaifir,
Car puisque l'occafion fe préfente de le
dire, qui eut jamais deviné *a priori* qu'u-
ne goute de la liqueur qui fe lance dans
l'Accouplement, fit reffentir des plaifirs
divins, & qu'il en naîtroit une petite
créature, qui pourroit un Jour, pofées
certaines loix, jouïr des mêmes délices?
Je crois la penfée fi peu incompatible
avec la matière organifée, qu'elle femble en être une propriété, telle que l'E-
lectricité, la faculté motrice, l'impéné-
trabilité, l'Etenduë. &c.

VOULEZ vous de nouvelles obfervations? En voici qui font fans replique
& qui prouvent toutes que l'Homme
res-

* *Haller dans les* Tranfact. Philofoph.

reſſemble parfaitement aux Animaux dans ſon origine, comme dans tout ce que nous avons déjà cru eſſentiel de comparer.

J'EN appelle à la bonne foi de nos Obſervateurs. Qu'ils nous diſent s'il n'eſt pas vrai que l'Homme dans ſon Principe n'eſt qu'un Ver, qui devient Homme, comme la Chenille Papillon. Les plus graves † Auteurs nous ont appris comment il faut s'y prendre pour voir cet Animalcule. Tous les Curieux l'ont vû, comme Hartſoeker, dans la ſemence de l'Homme, & non dans celle de la femme; il n'y a que les ſots qui s'en ſoient fait ſcrupule. Comme chaque goute de ſperme contient une infinité de ces petits vers lorſqu'ils ſont lancés à l'Ovaire, il n'y a que le plus adroit, ou le plus vigoureux qui ait la force de s'inſinüer & de s'implanter dans l'œuf que fournit la femme, & qui lui donne ſa première nourriture. Cet œuf quelquefois ſurpris dans les Trompes de Fallope, eſt

† *Boerhaave* Inſt. Med. *& tant d'autres.*

E

est porté par ces canaux à la Matrice, où il prend racine, comme un grain de blé dans la terre. Mais quoiqu'il y devienne monstrueux par sa croissance de 9 mois, il ne diffère point des œufs des autres femelles, si ce n'est que sa peau (l'*Amnios*) ne se durcit jamais, & se dilate prodigieusement, comme on en peut juger en comparant les fétus trouvé en situation & prêt d'éclore, (ce que j'ai eû le plaisir d'observer dans une femme morte un moment avant l'Accouchement,) avec d'autres petits Embryons très proches de leur origine: car alors c'est toujours l'œuf dans sa Coque, & l'Animal dans l'œuf, qui géné dans ses mouvemens, cherche machinalement à voir le jour; & pour y réussir, il commence par rompre avec la tête cette membrane, d'où il sort, comme le Poulet, l'Oiseau &c. de la leur. J'ajouterai une observation que je ne trouve nullepart; c'est que l'*Amnios* n'en est pas plus mince, pour s'être prodigieusement étendu; semblable en cela à la Matrice dont la substance même se gonfle de sucs infiltrés, indépendamment de la réplétion & du déploie-

ploiement de tous fes Coudes vafcu-
leux.

VOIONS l'Homme dans & hors
de fa Coque; éxaminons avec un Mi-
crofcope les plus jeunes Embryons, de
4, de 6, de 8 ou de 15 jours; après
ce tems les yeux fuffifent. Que voit-
on? la tête feule; un petit œuf rond
avec deux points noirs qui marquent
les yeux. Avant ce tems, tout étant
plus informe, on n'aperçoit qu'une
pulpe médullaire, qui eft le cerveau,
dans lequel fe forme d'abord l'origine
des Nerfs, ou le principe du fenti-
iment, & le Cœur qui a déjà par lui-
mème dans cette pulpe la faculté de
battre: c'eft le *Punctum faliens* de
Malpighi, qui doit peut-être déjà une
partie de fa vivacité à l'influence des
nerfs. Enfuite peu-à-peu on voit la
Tète allonger le Col, qui en fe dila-
tant forme d'abord le *Thorax*, où le
Cœur a déjà defcendu, pour s'y fixer;
après quoi vient le bas ventre qu'une
cloifon (le diafragme) fépare. Ces
dilatations donnent l'une, les bras,
les mains, les doigts, les ongles, &
les poils; l'autre les cuiffes, les jambes, les pieds &c. avec la feule diffé-

E 2   rence

rence de situation qu'on leur connoît, qui fait l'Appui & le Balancier du Corps. C'est une Végétation frappante. Ici ce font des cheveux qui couvrent le sommet de nos têtes; là ce font des feuilles & des fleurs: Par tout brille le même Luxe de la Nature; & enfin l'Esprit Recteur des Plantes est placé, où nous avons nôtre ame, cette autre Quintessence de l'Homme.

TELLE est l'Uniformité de la Nature qu'on commence à sentir, & l'Analogie du Regne animal & végétal, de l'Homme à la Plante. Peut-être même y a-t-il des Plantes animales, c'est à-dire qui en végétant, ou se battent comme les Polypes, ou font d'autres fonctions propres aux Animaux?

VOILA à peu près tout ce qu'on fait de la génération. Que les parties qui s'attirent, qui font faites pour s'unir ensemble, & pour occuper telle, ou telle place, se réunissent toutes suivant leur Nature; & qu'ainsi se forment les yeux, le cœur, l'estomac & enfin tout le corps, comme de grands Hommes l'ont écrit, cela est possible. Mais comme l'expérience nous abandonne au milieu de ces subtilités,

je

je ne fuppoferai rien, regardant tout ce qui ne frappe pas mes fens, comme un myftère impénétrable. Il eft fi rare que les deux femences fe rencontrent dans le Congrès, que je ferois tenté de croire que la femence de la Femme eft inutile à la génération.

Mais comment en expliquer les phénomèmes, fans ce commode rapport de parties, qui rend fi bien raifon des reffemblances des Enfans, tantôt au Père, & tantôt à la Mère. D'un autre coté l'embaras d'une explication doit-elle contrebalancer un fait? Il me paroît que c'eft le Mâle qui fait tout, dans une Femme qui dort, comme dans la plus lubrique. L'arrangement des parties feroit donc fait de toute éternité dans le Germe, ou dans le Ver même de l'Homme. Mais tout ceci eft fort au-deffus de la portée des plus excellens Obfervateurs. Comme ils n'y peuvent rien faifir, ils ne peuvent pas plus juger de la mécanique de la formation & du développement des Corps, qu'une Taupe, du chemin qu'un Cerf peut parcourir.

E 3   Nous

Nous sommes de vraies Taupes dans le champ de la Nature ; nous n'y faisons guères que le trajet de cet Animal; & c'est nôtre orgueil qui donne des bornes à ce qui n'en a point. Nous sommes dans le cas d'une Montre qui diroit: (un Fabuliste en feroit un Personnage de consequence dans un Ouvrage frivole) " quoi! c'est ce sot „ ouvrier qui m'a faite, moi qui divise „ le tems! moi qui marque si exacte- „ ment le cours du Soleil; moi qui ré- „ pète à haute voix les heures que j'in- „ dique! non cela ne se peut pas ". Nous dédaignons de même, Ingrats que nous sommes, cette mère commune de tous les *Règnes*, comme parlent les Chymistes. Nous imaginons ou plutôt supposons une cause supérieure à celle à qui nous devons tout, & qui a véritablement tout fait d'une manière inconcevable. Non, la matière n'a rien de vil, qu'aux yeux grossiers qui la méconnoissent dans ses plus brillans Ouvrages; & la Nature n'est point une Ouvrière bornée. Elle produit des millions d'Hommes avec plus de facilité & de plaisir, qu'un Horloger n'a de peine à faire la montre la plus com-

compofée. Sa puiffance éclate également & dans la production du plus vil
Infecte, & dans celle de l'Homme le
plus fuperbe ; le régne Animal ne lui
coute pas plus que le Végetal, ni le plus
beau Génie, qu'un Epi de blé. Ju-
geons donc par ce que nous voions, de
ce qui fe dérobe à la curiofité de nos
yeux & de nos recherches, & n'imaginons rien au delà. Suivons le Singe,
le Caftor, l'Eléphant &c. dans leurs
Operations. S'il eft évident qu'elles
ne peuvent fe faire fans intelligence,
pourquoi la refufer à ces Animaux? &
fi vous leur accordez une Ame, Fanati-
ques, vous êtes perdus ; vous aurez
beau dire que vous ne décidez point
fur fa Nature, tandis que vous lui ôtez
l'immortalité ; qui ne voit que c'eft une
affertion gratuite ? qui ne voit qu'elle
doit être ou mortelle, ou immortelle,
comme le nôtre, donc elle doit fubir le
même fort, quel qu'il foit ! & qu'ainfi
c'eft *tomber dans fcilla, pour vouloir
éviter Caribde?*

Brisez la chaîne de vos préjugés ;
armez vous du flambeau de l'Expérience & vous ferez à la Nature l'Honneur
qu'elle mérite, au lieu de rien conclure

à fon défavantage, de l'ignorance où
elle vous a laiffée. Ouvrez les yeux
feulement, & laiffez-là ce que vous ne
pouvez comprendre ; & vous verrez
que ce Laboureur dont l'Efprit & les
lumières ne s'étendent pas plus loin que
les bords de fon fillon, ne diffère point
effentiellement du plus grand Génie,
comme l'eût prouvé la diffection des
cerveaux de Descartes & de Newton:
vous ferez perfuadé que l'Imbécille, ou
le ftupide font des Bêtes à figure Humaine, comme le Singe plein d'Efprit,
eft un petit Homme fous une autre forme ; & qu'enfin tout dépendant abfolument de la diverfité de l'organifation,
un animal bien conftruit, à qui on a
appris l'Aftronomie, peut prédire une
Eclipfe, comme la guérifon, ou la mort,
lorfqu'il a porté quelque tems du Génie & de bons yeux à l'Ecole d'Hippocrate & au lit des Malades. C'eft
par cette file d'obfervations & de vérités qu'on parvient à lier à la matière
l'admirable proprieté de penfer, fans
qu'on en puiffe voir les liens, parce
que le fujet de cet attribut nous eft
effentiellement inconnu.

NE

NE difons point que toute Machine, ou tout Animal, périt tout-à-fait, ou prend une autre forme, après la mort; car nous n'en favons abfolument rien. Mais affurer qu'une Machine immortelle eft une chimère, ou un *être de raifon*, c'eft faire un raifonnement auffi abfurde, que celui que feroient des Chenilles, qui voiant les dépouilles de leurs femblables, déploreroient amérement le fort de leur efpèce qui leur fembleroit s'anéantir. L'Ame de ces Infectes (car chaque Animal a la fienne) eft trop bornée pour comprendre les Métamorphofes de la Nature. Jamais un feul des plus rufés d'entr'eux n'eût imaginé qu'il dût devenir Papillon. Il en eft de même de nous. Que favons nous plus de nôtre deftinée, que de nôtre origine? foumettons nous donc à une ignorance invincible, de laquelle nôtre bonheur dépend.

QUI penfera ainfi, fera fage, jufte, tranquille fur fon fort, & par confequent heureux. Il attendra la mort, fans la craindre, ni la défirer; & chériffant la vie, comprenant à peine comment le dégoût vient corrompre un cœur

E 5   dans

dans ce lieu plein de délices ; plein de
respect pour la Nature ; plein de recon-
noissance, d'attachement, & de tendresse, à proportion du sentiment, &
des bienfaits qu'il en a reçus, heureux
enfin de la sentir, & d'être au char-
mant Spectacle de l'Univers, il ne la
détruira certainement jamais dans soi,
ni dans les autres. Que dis-je ! plein
d'Humanité, il en aimera le caractère
jusques dans ses ennemis. Jugez comme il traitera les autres. Il plaindra
les vicieux, sans les haïr ; ce ne seront
à ses yeux que des Hommes contre-
faits. Mais en faisant grace aux dé-
fauts de la conformation de l'Esprit
& du Corps, il n'en admirera pas
moins leurs beautés, & leurs vertus.
Ceux que la Nature aura favorisés lui
paroitront mériter plus d'égards, que
ceux qu'elle aura traités en Marâtre.
C'est ainsi qu'on a vû que les dons
naturels, la source de tout ce qui s'acquiert, trouvent dans la bouche & le
cœur du Matérialiste, des hommages
que tout autre leur refuse injustement.
Enfin le Matérialiste convaincu, quoique murmure sa propre vanité, qu'il
n'est qu'une Machine, ou un Animal,

ne

ne maltraitera point ſes ſemblables ; trop inſtruit ſur la Nature de ces actions, dont l'inhumanité eſt toujours proportionnée au degré d'Analogie prouvée ci devant ; & ne voulant pas en un mot, ſuivant la Loi naturelle donnée à tous les Animaux, faire à autrui, ce qu'il ne voudroit pas qu'il lui fît.

CONCLUONS donc hardiment que l'Homme eſt une Machine ; & qu'il n'y a dans tout l'Univers qu'une ſeule ſubſtance diverſement modifiée. Ce n'eſt point ici une Hypothèſe élevée à force de demandes & de ſuppoſitions : ce n'eſt point l'Ouvrage du Préjugé, ni même de ma Raiſon ſeule ; j'euſſe dégaigné un Guide que je crois ſi peu ſûr, ſi mes Sens portant, pour ainſi dire, le flambeau, ne m'euſſent engagé à la ſuivre, en l'éclairant. L'Expérience m'a donc parlé pour la Raiſon ; c'eſt ainſi que je les ai jointes enſemble.

MAIS on a dû voir que je ne me ſuis permis le raiſonnement le plus vigoureux & le plus immédiatement tiré, qu'à la ſuite d'une multitude d'Obſervations Phyſiques qu'aucun ſavant ne conteſtera ;

teſtera ; & c'eſt encore eux ſeuls que je
reconnois pour Juges des conſéquen-
ces que j'en tire ; recuſant ici tout
Homme à Préjugés, & qui n'eſt ni
Anatomiſte, ni au fait de la ſeule Phi-
loſophie qui eſt ici de miſe, celle du
corps humain. Que pourroient contre
un chêne auſſi ferme & ſolide, ces foibles Roſeaux de la Théologie, de la
Métaphyſique & des Ecoles ; Armes
Puériles, ſemblables aux fleurets de
nos ſalles, qui peuvent bien donner le
plaiſir de l'Eſcrime, mais jamais enta-
mer ſon Adverſaire. Faut-il dire que
je parle de ces idées creuſes & triviá-
les, de ces raiſonnemens rebattus, &
pitoiables, qu'on fera ſur la prétendue
incompatibilité de deux ſubſtances qui
ſe touchent & ſe remuent ſans ceſſe
l'une & l'autre, tant qu'il reſtera l'Ombre du Préjugé ou de la ſuperſtition
ſur la Terre ? Voilà mon ſyſtême,
ou plutôt la Vérité ſi je ne me trompe
fort. Elle eſt courte & ſimple. Diſ-
pute à préſent qui voudra.

www.ingramcontent.com/pod-product-compliance
Lightning Source LLC
Chambersburg PA
CBHW072312210326
41519CB00057B/4870